心理学与现代生活丛书
总主编 / 佘双好

王高华　朱志先　著

窗外有蓝天

异常心理学与现代生活

武汉大学出版社
WUHAN UNIVERSITY PRESS

图书在版编目(CIP)数据

窗外有蓝天:异常心理学与现代生活/王高华,朱志先著.—武汉:武汉大学出版社,2007.10
心理学与现代生活丛书/佘双好总主编
ISBN 978-7-307-05897-2

Ⅰ.窗…　Ⅱ.①王…　②朱…　Ⅲ.病理心理学
Ⅳ.B846

中国版本图书馆 CIP 数据核字(2007)第 155301 号

责任编辑:郭　静　责任校对:王　建　版式设计:詹锦玲

出版发行:**武汉大学出版社**　(430072　武昌　珞珈山)
(电子邮件:wdp4@whu.edu.cn 网址:www.wdp.com.cn)
印刷:华中科技大学印刷厂
开本:950×1260　1/32　印张:7.5　字数:173 千字　插页:1
版次:2007 年 10 月第 1 版　　2007 年 10 月第 1 次印刷
ISBN 978-7-307-05897-2/B·197　　定价:19.00 元

出版说明

随着社会物质生活条件的改善和生活水平的提高，人们对精神生活需要的迫切性越来越强烈，对精神生活的质量要求也越来越高，心理学逐渐成为广大民众和青年学子所关心和崇尚的热门研究领域。

然而，专业的心理学研究不仅体系庞大，内容艰深，而且与广大民众所关心的日常生活问题相去甚远，在专业心理学研究领域和广大老百姓日常生活之间存在着巨大的鸿沟。这样，使得不少本来对心理学抱有浓厚兴趣的人感到心理学令人生畏，望而却步。

为了弥合专业研究与普通民众需求之间的鸿沟，我们推出了这套丛书。本套丛书的宗旨是从老百姓日常生活中所关心的心理问题出发，用心理学的观点来阐明人们日常生活中所关心的心理问题，透过心理现象的分析来说明和解释心理学是一门怎样的学科，它所关心的是什么样的问题；它为人们处理心理问题提供了什么样的视角，以及如何从专业和系统的角度来处理日常生活中的心理问题。

我们把本套书定位为一种亚学术著作，所谓亚学术即指介于学术研究和科普读物之间的著作。亚学术著作也是一种学术著作，只是这种学术著作并不是写给专业人员作为纯粹的学术研究用的专业书籍；而是写给广大老百姓和普通民众阅读的学术著作。因此，亚学术著作并不是降低书的学术品位和旨趣；相反，它对著作的学术标准要求更高，因为它要求作者不能囿于研究者一孔之见，仅仅阐述个人的学术观点；不能因为作者自己的学术兴趣和偏好而误导读者。亚学术著作既可看成是一种科普读物，又不同于一般的科普读物。科普读物的主要目的是把学术研究的最新成果以普通民众所能够接受的方式和语言传播到广大民众之中，其中也包含了作者的重新创作和创造性的研究成果；但它的主要功能在于普及和宣传，而亚学术著作本身就是一种再研究和再创造的过程，是学术研究的继续和延伸。

本套书第一批共包括《随时光而去》、《解读社会密码》、《窗外有蓝天》、《如沐阳光》、《女人四季》五本，每本书都有一个副标题，说明所揭示和探讨问题的学科领域。这五本书分别从发展心理学、社会心理学、异常心理学、咨询心理学和女性心理学等学科视角，对现代生活中的心理问题进行了全方位透视；既为广大读者提供了各门学科所研究和探讨的主要问题和方法，同时也为读者处理现代生活中的心理问题提供了可资借鉴的干预策略。

心理学虽然有一个漫长的过去，但作为一个学科只有短短的历史。与人类科学的其他成熟的研究学科相比，心理学还是一个处于不断成熟和发展壮大的学科；心理学的研究还远远没有达到能够有效干预人们日常生活心理问题的程度。因此，对于现代生活中的心理问题，我们并不期求通过有限的书籍就能够揭示清楚；但我们真诚地希望读者能通过系统地阅读对现代生活心理问题有一个达观的理解，并以此作为思考现代生活各种心理问题的起点，开始有意识地、系统地、科学地规划自己的生活和人生。

本套书在写作过程中参阅了各门心理学科的大量研究成果，由于版式和图书风格的需要，没有一一注明资料来源，这里谨向各位研究者表示衷心感谢！本套书从策划到选题到写作也一直得到武汉大学出版社陈庆辉社长、郭园园博士的关心帮助，武汉大学政治与公共管理学院、武汉大学发展与教育心理研究所的大力支持，在此一并表示衷心感谢！

由于出版亚学术著作对于我们来说是一件十分具有挑战性的工作，加之自己学术研究所限和时间仓促，本套书难免存在着一些缺陷和遗漏，我们真诚地希望广大读者批评指导，不吝赐教。

佘双好

2007 年 3 月 17 日

目　录

一　躁动的心，如何安顿——焦虑障碍透视

二　他们在混沌中挣扎——精神病性障碍漫谈

三　她们对食物既恨又爱——进食障碍浅议

四　偏离现实的欲望——性心理障碍浅谈

一、躁动的心，如何安顿
——焦虑障碍透视

焦虑，永远的伴侣

生活中，我们常常遭遇焦虑。应付考试时，当众发言时，与人相识时，面临人生重大难题和选择时……几乎任何一个与我们的生存与发展有关的情境以及超出我们预料之外的情境变化，都有可能引发焦虑。

所谓焦虑，一般认为焦虑是由紧张、不安、焦急、忧虑、担心、恐惧等感受交织而成的复杂的情绪状态，是带有不愉快情绪色彩的正常适应行为，它包含着对危险、威胁和需要特别努力但对此又无能为力的苦恼的强烈的预期。

焦虑是对预期中的对自己有重大影响的损失或失败的情绪反应，当一些对我们很有价值的东西处于危险中时，焦虑就开始了。假设我们很看重自我克制，那么我们自己控制不住的暴怒就会引起很大的焦虑，我们就会在自己的想象中看到周围的人因我们缺乏自制而轻视我们。相反，如果我们并不看重自我克制和控制，那么完全可能觉得发怒是能够振奋精神的。

焦虑既是心理的，也是身体的。焦虑是一种复合性负性情绪，焦虑不只停留于内心活动，如紧张、烦躁、压抑、愁苦，还常有一些程度不同的身体反应与外部表现，如不能集中精神工作、坐立不安、失眠或梦中惊醒、心跳、发热或发冷、胃肠不适、胸闷、发抖、头晕、脸发白或发红等。

焦虑的种类多种多样。弗洛伊德把焦虑分作：客观性焦虑，指“对于危险或预料中的外来的伤害应有的（恐惧）反应”。例如，我们受到挫折或预计自己会受挫时所产生的紧张、担心、害怕以及相应的躯体反应。道德性焦虑，是指人永远无法消除的对良知的恐惧，因为这是维系社会关系所不能缺少的。它通常表现为羞耻感和负罪感。例如，我们因为伤害了别人而感觉不安与自责。神经症性焦虑，“是一种与实际危险不相称，而是起源于自己内心中无意识冲突的焦虑”。

还有一种焦虑，叫“存在焦虑”，是指一种缺乏生活目标和方向，感觉不到幸福，不知道生活的意义与价值何在，内心充满混乱、恼怒、焦灼、担心、孤独并伴有一些躯体不适反应的焦虑状态。存在焦虑导致人与人之间疏远以及人对自己的背离。存在焦虑给人造成的最大困扰是缺乏幸福感与价值。

也许你已经发现，对绝大多数人来说，常常遇到的只是正常的焦虑。然而，正常与异常之间并没有隔着万丈深渊，如果我们在日常生活中不善于应付自己的正常焦虑，那么，日积月累，就有可能遭遇异常焦虑了。

焦虑，人类永远的伴侣。为什么，因为人类总是生活在不安全、不确定状态之中。

焦虑，一把“双刃剑”

我们每个人都知道什么是焦虑。在你面临一次重要的考试之前，在你第一次和某位姑娘约会之前，在你的老板大发脾气的时候，在你知道孩子得了某种疾病的时候，你都会感到焦虑。焦虑并不是坏事，焦虑往往能够促使你鼓起勇气，去应对即将发生的危机。如在荒野里遇见一只老虎时，我们会感到焦虑，体验到紧张和害怕，这种反应完全是有益的，它能激发和调动个体能量以应对外来的突发事件对生命的威胁，从而增加个体生存和延续的机会。这就是焦虑对于我们的第一重意义。

它有预警作用，因而有很重要的适应价值。

焦虑对于我们的第二重意义是，它能使人学会约束自己，做符合社会准则的守法公民，从而为人为己创造一种适合生存的、较为安全的社会大环境。想象一下，如果一个人打算做伤害他人的事时而毫无内疚与不安，或者做了违法的事而毫无自责、害怕与悔过，那么这个世界会是什么样子？正是适度的道德焦虑使绝大多数人懂得自我约束，懂得在满足自身需要时不妨碍他人的利益，因此才使得我们的安全需要得到了基本的保证。

即使是病态焦虑，也有其有益的一面，它提示患者正经历着剧烈的内心冲突，正处于精神危机之中。然而，危机又是转折点，只要患者能找到建设性的自助方法，就能变危险为机遇——一个认识自己、发现自己、提升自己的重要机遇，因此，经历过病态焦虑而又康复的人总有凤凰涅槃般的美丽。

焦虑也有另外一面。如果你有太多的焦虑，以至于达到焦虑障碍，这种有进化意义的情绪就会起到相反的作用——它会妨碍你去应付、处理面前的危机，甚至妨碍你的日常生活。如我们在动物园里看到关在铁笼里的老虎时，会产生类似的反应，那这种反应就是过分的、有害的。当焦虑严重、持续且破坏到正常的生活时，就可能是焦虑障碍的前兆。

如果你得了焦虑障碍，你可能在大多数时候没有什么明确的原因就会感到焦虑；你会觉得你的焦虑是如此妨碍的你的生活，使你什么都干不了。

焦虑障碍是以焦虑为主要表现的一种神经症，它并非指单一的心理异常，而是多种与焦虑有关的心理异常的总称。目前在异常心理学中将焦虑障碍分为：广泛性焦虑障碍、惊恐障碍、社交焦虑障碍、恐惧症、强迫症、创伤后应激障碍。

1．杞人忧天的人
——广泛性焦虑障碍

☞案例

我是神经病。她苦笑地这么说。出门怕，在家怕，看电视怕，洗澡怕，连睡觉也会怕。怕些什么？不知道。就是怕。

整天冷汗直流，不住发抖，心脏怦怦直跳，头痛得要命，吃药也没用。只觉得好累好累，一点体力也没有，睡觉也睡不着，一点声音就醒来。胃口越来越差，吃一点东西就想吐，还常常跑厕所，不管吃什么都拉。手脚冰得像僵尸，头发也一直掉。

是不是得了癌症？她越想越害怕。

到小医院看了几次，医师都说小感冒，她不放心，又到大医院挂诊。血抽了、尿验了、X光照了、心电图做了，通通正常。医师大手一挥，笑着说："没病！是你神经过敏！别担心了，回家好好睡个觉，就没事了。"

可是症状持续着。她依然紧张兮兮，没办法放松，整天坐立难安，注意力好差，出个门就掉东掉西，记忆力也越来越差，老板交代的事，转瞬间就忘掉了。

直到有一天，有医师建议她看精神科，经过医师诊治，她才明白：自己得了广泛性焦虑障碍。

她更焦虑了。

☞**解析**

所谓广泛性焦虑障碍，顾名思义，就是一种以焦虑为主要症状的疾病。“广泛性”一词暗示了此障碍的焦虑形式——一种长时间的、持续性的焦虑。患者几乎每天都处在高度焦虑中，有如惊弓之鸟，即使是小事也会让他担忧。这样的忧虑是难以抑制的，往往还会伴随着许多身体上症状，诸如：肌肉紧绷、坐立难安、失眠、冒汗、呼吸急促、腹泻等。倘若将这些症状分类，可以归纳成焦虑、肌肉紧绷、交感神经过度兴奋、认知功能障碍四大类。

广泛性焦虑障碍是一种很常见的疾病，发病率高达3%～8%。患者以女性居多，人数约为男性患者的一倍，其中又以25岁以上、结过婚、失业的女性，或者家庭主妇最容易发病。但严重到必须住院者，男女比例则相当。患者通常发病于20岁以上，但只有1/3的病人愿意来看精神科，而且往往是患者已经困扰多时后，才会来精神科求助。广泛性焦虑障碍还常并发其他精神疾病，诸如社交焦虑障碍、特定恐惧症、恐惧症或抑郁症，据统计，约有50%～90%的广泛性焦虑障碍患者同时合并有其他精神方面的疾病。

广泛性焦虑有特征

上述症状都是非特异性的，也就是说，广泛性焦虑障碍的焦虑都是很常见的，不像恐惧症那样，有个恐惧的对象可以辨认；也不像强迫障碍，有个怪异的强迫性行为。乍看之下，广泛性焦虑障碍的焦虑与一般的所谓“紧张”没有两样，也会伴随有交感神经过度兴奋的现象，但是，经过仔细分析，还是会看出广泛性焦虑障碍的焦虑有其病态特征：时间太长，长得很不合理。一般焦虑多半有迹可循，例如：考试、出远门、升迁等，一旦压力事件消失，焦虑也会降低；但是广泛性焦虑障碍的焦虑却是持续的，时间会长达 6 个月以上。一般的焦虑不管程度怎样，患者能够自觉，也能够想办法减低；但是广泛性焦虑障碍的焦虑却是“难以控制”的，有如野火燎原般，已经完全失去患者的掌握，患者只能被动地身处其中，无法逃脱。

广泛性焦虑原因不单纯

何以一个常见的焦虑会演变到疾病的程度呢？目前认为广泛性焦虑障碍可能是由生物学因素和生活事件共同作用引起的。有些人认为广泛性焦虑障碍存在遗传易感性。曾发现，双胞胎之中的一位罹患本症时，另外一位同样罹患本症的几率显著上升。其中异卵双胞胎共同罹病率提升到 15%；同卵双胞胎共同罹病率更提升到 50%。一些不良生活事件的增加常易诱发广泛性焦虑障碍。但研究发现，这些应激性事件只是催化剂而不会直接引起广泛性焦虑障碍，应激促成了那些有慢性焦虑体验的人们发生广泛性焦虑障碍。

心理学则为广泛性焦虑障碍的发生提供了另外一种思考方向。认知行为理论认为广泛性焦虑障碍之所以会发生，是人们的错误认知所致：人们只看负面的消息，忽视正面的讯息，贬低自己解决问题的能力，高估问题的严重性。在经过操作反应后，日常生活中每件事都变成了具有诱发焦虑的“线索”，患者自然长期处于惊恐状态。而精神动力学说则相信，这样的焦虑来自内在冲突。患者不安全的感觉、童年时期的创伤经验，都会造成一些冲突，深埋在心里，即使时过境迁，这些冲突仍旧藏在心中，不断干扰着患者，逼使患者必须花费力气去阻挡它们，而自我又无法解决，只能让庞大的焦虑流入意识，如此就会出现焦虑现象。当创伤经验太强，或压抑的时间太长，焦虑程度就会增强，严重时就构成了疾病。

广泛性焦虑障碍的影响面大

由于长期处在焦虑之中，生理功能必然受到影响。不只记忆力减退、注意力下降、认知功能受损，连心血管功能、内分泌系统、免疫系统也会受到波及。失眠、肌肉酸痛、恍恍惚惚、容易疲倦都是常见的症状。此时，日常生活自然会受到影响，工作能力减退，严重时连工作也做不下去。一旦患者倒下去了，连带家人也会饱受其害。

虽然说，广泛性焦虑障碍是精神科领域的疾病，但实际上，却很少有患者到精神科求诊。患者往往辗转求医，跑遍内科、外科、妇产科，做过各种检查，却始终查不出原因，只弄得自己更加紧张，不知生的是什么怪病。到最后，精疲力竭的家属往往会指责患者想得太多，杞人忧天，庸人自扰。但患者并非故意如此，也很不乐意见到自己这样，只是没有办法克制自己的焦虑。

广泛性焦虑障碍的诊断标准

在6个月里的大多数时间里，存在过度焦虑与过度忧虑某事的现象。患者自觉已经无法控制自己的焦虑。

焦虑与忧虑会伴随下列症状中的至少三项：

A. 坐立不安；

B. 容易疲倦；

C. 无法集中注意力，大脑一片空白；

D. 暴躁易怒；

E. 肌肉紧绷；

F. 睡眠障碍（无法入睡、或者无法熟睡）。

焦虑障碍的调节有方法

（1）积极主动看心理医生，作心理咨询，如实地反映自己的问题，树立焦虑症可治的信心，弄清自己患病的诱发因素，努力排除上述不良的因素。

（2）放松心情，最简单的方法是呼吸松弛法。深深地吸一口气，尽可能吸气，然后屏气，感到有点憋闷时再缓缓呼出。呼气要尽可能彻底，如此循环20次左右，一般可起到平缓紧张情绪的作用。

（3）转移注意力，如遇到焦虑反应时，去湖边看看宁静的湖水，去登山望远；也可以闭上双眼，默想自己身处美丽的湖畔，周围山清水秀，林间小鸟啁啾，泉水叮咚，可爱的小鱼在水中游来游去。总之，默想一些平静、缓和的情景也可以驱散自己的焦虑情绪。

（4）自我反省。有些焦虑是由于对某些情绪体验或欲望进行压抑，压抑到无意识中去了，但它并没有消失，仍潜伏于无意识中，因此便产生了病症。发病时你只知道痛苦焦虑，而不知其因。在这种情况下，你必须进行自我反省，把潜意识中引起痛苦的事情诉说出来。必要时可以发泄，发泄后症状一般可消失。

（5）自我催眠。患焦虑障碍的人大多数有睡眠障碍，很难入睡或突然从梦中惊醒，此时你可以进行自我暗示催眠。如：可以数数，或用手举书本阅读等促使自己入睡。

如果上述措施都不能缓解你的焦虑症状，那你就需要尽快上医院去找专业医生咨询，或服用适当药物帮助调节。

2．见人就发抖
——社交焦虑障碍

☞案例

她认为自己是个怪人，有害羞的怪毛病。两年多来，从不与人多讲话，与人讲话时不敢直视，眼睛躲闪，像做了亏心事。一说话脸就发烧，低头盯住脚尖。心怦怦跳，皮肤起鸡皮疙瘩，好像全身都在发抖。她不愿与班上同学接触，觉得别人讨厌自己，在别人眼中是个："怪人"。最怕接触男生，即使在寝室里，只要有男生出现，也会不知所措。对老师也害怕，上课时，只有老师背对学生板书时才不紧张。只要老师面对学生，她就不敢朝黑板方向看。常常因为紧张，对老师所讲的内容不知所云。更糟糕的是，现在在亲友、邻居面前说话也"不自然"了。由于这些毛病，她极少去社交场所，很少与人接触。她曾力图克服这个怪毛病，也看了不少心理学科普图书，并按照社交技巧去指导自己；用理智说服自己；用意志控制自己；但作用就是不大。后来她哭诉说，这个怪毛病严重影响了她各方面的发展：学习成绩下降；社会交往失败；同学们说她清高。她正在争取入党，同学关系不好肯定不行。眼看就要毕业了，这样下去怎么适应社会呢？

☞解析

案例中的“她”无疑患上了社交焦虑障碍。所谓社交焦虑障碍就是在面对陌生人时产生持续、显著的畏惧，并且严重地影响患者的正常生活。社交焦虑障碍的表现形式不仅仅是面对陌生人手足无措，而且还表现为不能在公众场合打电话，不能在公众场合与人进餐，不能单独和陌生人见面，不能在有人注视下工作等较为极端的行为。在这种恐惧、焦虑的情绪出现时，还常伴有心慌、颤抖、出汗、呼吸困难等症状。

在美国，患社交焦虑障碍的人数仅次于抑郁症、酗酒而名列第三。在我国，社交焦虑障碍的患者也在激增，且有低龄化发展的趋势。在某心理治疗中心近期前来咨询的心理病患者之中，社交焦虑障碍的患者就占了1/3。

社交焦虑障碍形式多样

社交焦虑障碍的表现形式多种多样。如一位年轻小伙子，只要和陌生人或异性接触，就感到惶恐不安，异常拘束，说话前言不搭后语，甚至头涨脸红，眼睛不知往哪里看好。这是“视线与红脸恐惧症”。一位年轻姑娘，老怀疑自己口臭，甚至害怕到不敢与人面对面说话的地步，觉得人家会讨厌她，嫌她有异味。在马路上骑自行车，偶尔听到别人唱电影《红高粱》的主题歌“喝了咱的酒，滋阴壮阳嘴不臭……”她也害怕起来，认为是在嘲讽她。这是一种“异味恐惧症”。一位男青年，开会一发言就浑身发抖，抖动的频率和脉搏相差无几；和陌生人或女性坐在一起，抖动更明显。这是一种“震颤恐惧症”。一位女中学生经常在上课时偷偷拿出镜子照照，老以为自己面容丑陋，所以见人就躲，或低头捂脸，迫不得已时就强作笑颜，挤眉弄眼，来摆脱尴尬。这是一种“丑陋恐惧症”。

这些社交焦虑障碍都有类似的躯体症状：口干、出汗、心跳剧烈、想上厕所。周围的人可能会看到的症状有：脸红、口吃结巴、轻微颤抖。有时候，患者发现自己呼吸急促，手脚冰凉。最糟糕的结果是，患者会进入惊恐状态。社交焦虑障碍是非常痛苦、严重影响其患者生活工作的一种心理障碍。

社交焦虑障碍由情境与动机共同决定

决定所有社交焦虑的共同因素有两个。一个是处境，一个是动机。举例说，想和异性交朋友或谈恋爱，对方越是貌美或有才华，动机就越强烈，也就越容易紧张不安。又例如，参加就业面试，如竞争的人多，挑选的标准严格，我们就容易感到紧张不安；再例如，将要会见的人大权在握，接见将对自己的一生起关键作用，见面时也容易紧张。一般来说，第一次与人见面容易紧张，因为人们都懂得给人留下的第一印象特别重要。可见，我们往往在怀有特定动机的某种处境时才会感到紧张。当然也有例外，即事先并无特殊的和明确的目的，但偶然发生的尴尬处境，使其想得到别人好印象的动机受挫，也可以成为诱发社交焦虑障碍的事件。

形成社交焦虑障碍的另一个因素，就是一个人的人格特性。如果一个人倾向于控制别人对他的印象，或者特别爱面子，似乎所有的人都喜欢他才有面子，或者完美主义倾向强烈，恨不得在别人面前表现得完美无缺。那么，这种人便容易患社交焦虑障碍。

社交焦虑障碍的根源在自卑

心理学家分析，社交焦虑障碍往往缘于过于自卑，以至无法作出正常的社会应对。社交焦虑障碍患者对自己太过于专注，例如作一次普通的谈话，很简单，就是注意对方的谈话内容。但害羞的人所担忧的却是他给对方留下的是怎样的印象。这样只要一分神，他就往往跟不上对方讲话的内容。所以社交焦虑障碍患者必须停止考虑自己而将注意力转向对方。许多患有社交焦虑障碍的人，他们在社会交往中的实际表现，要比他们自认为的要好。为此心理专家录下了一些患社交焦虑障碍的人与他人的谈话过程，然后让别人评判。在众人眼中，都认为社交焦虑障碍患者没有什么明显的问题。可当心理专家问及社交焦虑障碍患者本人表现如何时，这些人却异口同声地说自己表现得太差了。所以社交焦虑障碍患者往往是严重的自卑者，是自己最严酷的批评者。他们由于自己看不起自己，因而在社会交往中，总在意自己在别人心目中的形象，总担心别人会看不起自己，这样就背上了心理上的大包袱，言行举止放不开，结果更让自己紧张和自卑不已。

社交焦虑障碍患者陷入自筑的怪圈

社交焦虑障碍患者在上述因素的影响下，在参与社交活动的过程中逐步形成了一个社交怪圈，这个怪圈就是：

害怕被人评价→缺乏社交技能→缺少社交强化、缺少社交学习经历→回避特定的场合→害怕被人评价（恶性循环）

单纯的回避与人交往可导致一系列的问题，如害怕被人评价，社交技能缺乏，而这种缺乏会导致回避行为的增加，进一步加重了社交焦虑障碍的症状。所以，单纯地通过回避减轻病情无异于“饮鸩止渴”，只会导致病情越来越恶化。

另一方面，当出现对人的恐惧反应后，便批评、督促自己该怎样怎样，控制自己不要怎样怎样，这就产生了一种暗示，强化“症状”的作用。再加之越感到“不自然”、“狼狈”、“难堪”，头脑中就越多地出现“想象观念”，进一步导致了自我感觉恶化。如此恶性循环，“症状”便日益严重了。

社交训练有助于克服社交焦虑

认识提高法：通过心理咨询工作者的心理卫生指导和本人的自我教育，认识社交焦虑的危害性，提高矫治社交焦虑的自觉性，制订有针对性，切实可行的心理训练方法和具体步骤，坚持不懈地自我纠正。

社交训练法：简易可行的方法就是“五分钟社交训练”。每天有意识地安排与朋友或同学主动交谈五分钟。初期的交谈对象宜固定，可以是一位熟悉的朋友，对方理解训练的目的意义，愿意配合治疗。交谈的内容不定，重点在培养自己主动、流畅和自如的谈话技巧和心理适应能力。每天做好心理训练记录，请对方打分。训练重点是克服社交时拘谨、胆怯、紧张和回避反应，逐渐达到自然、流畅、主动而无任何心理障碍状态。尤其训练与陌生人接触时，不允许有任何回避反应。接受训练的患者本人应主动深入社会，锻炼自己与各种不同人群交谈接触而不感到困难。

集体演讲训练法：在中学和大学开展集体演讲训练法也是良好的训练方式，可在班上要求人人公开上台演讲。

社交焦虑障碍患者自助法

（1）不否定自己，不断地告诫自己“我是最好的”，“天生我材必有用”。

（2）不苛求自己，能做到什么地步就做到什么地步，只要尽力了，不成功也没关系。

（3）不回忆不愉快的过去，过去的就让它过去，没有什么比现在更重要。

（4）友善地对待别人，相信助人为快乐之本，在帮助他人的同时还能忘却自己的烦恼，并且也可以证明自己的价值存在。

（5）找个倾诉对象，有烦恼是一定要说出来的。找个可信赖的人说出自己的烦恼。可能他人无法帮你解决问题，但至少可以让你发泄一下。

（6）每天给自己十分钟的思考，不断总结自己才能够不断面对新的问题和挑战。

（7）到人多的地方去，让不断过往的人流从眼前经过，尝试给人们以微笑。

社交焦虑障碍患者的自我检测

你是否患有社交焦虑障碍，一般可用以下的专业测试表来进行检测得知：

（1）我怕在重要人物面前讲话。

（2）在人面前脸红我很难受。

（3）聚会及一些社交活动让我害怕。

（4）我常回避和我不认识的人进行交谈。

（5）让别人议论自己是我不愿意的事情。

（6）我回避任何以我为中心的事情。

（7）我害怕当众讲话。

（8）我不能在别人注视下做事。

（9）看见陌生人我就不由自主地发抖，心慌。

（10）我梦见和别人交谈时出丑的窘样。

每个问题有 4 个答案可以选择，它们分别代表：1. 从不或很少如此；2. 有时如此；3. 经常如此；4. 总是如此。根据你的情况在上表中圈出相应答案的序号，此数字也是你每题所得的分数。将分数累加，便是你的最后得分。

（1～9 分）放心好了，你没患社交焦虑障碍。（10～24 分）你已经有了轻度症状，照此发展下去可能会不妙。（25～35 分）你已经处在社交焦虑障碍中度患者的边缘，如有时间一定要到医院求助心理医生。（36～40 分）很不幸，你已经是严重的社交焦虑障碍患者了，快去求助心理医生，他会帮你摆脱困境的。

3. 一个人自相搏斗
——强迫症

☞案例

她，一个35岁的家庭主妇，育有3个孩子，分别为9岁、7岁及3岁。丈夫是个生意人，整天忙碌在外交际谈生意，很少在家里陪她。她是个爱清静的人，甚至有洁癖。家里3个孩子整天吵闹，把家里弄得乱七八糟时，她就非常的厌烦，心里非常不舒服。

有一天，她开车出门时，在转弯处遇到了一场小意外，不小心撞伤了一名路人，该名路人只是轻微的受伤，可是从那一刻开始，她就感到莫名其妙的害怕，对开车产生了很强烈的恐惧感。

每当开车出门，车子行驶到转弯处时，她的脑海中就会闪出一个念头，感觉自己好像撞到了路人，心里很不安。她会身不由己地把车子停在路旁，下车观察，若有路人在旁，她就会很焦虑地向该路人探询，问该路人是否被她的车子撞着。

开始时，她并不在意，以为自己只是被先前发生车祸的阴影所困扰，因为情绪不安而形成的一种怪癖。可是，情况越来越严重，她下车察看，问路人有否被她的车撞着的次数越来越频繁，最后连丈夫也受累，因为丈夫与她共车出门时，她每次都要求丈夫陪她一起下车探个究竟，丈夫告诉她没事时，她又不相信，两人会因此而发生争执，丈夫被她的行为搞得非常烦躁。

由于被撞伤他人的念头纠缠困扰，害得她最后不敢开车上路。丈夫见情势不妙，便带她寻找心理医生医治。

☞解析

上述案例就是一个强迫症患者。古希腊神话的悲剧人物西西弗斯就有着同样的行为，尽管他不是自愿的。他被宙斯诅咒，叫他不停地把一块巨石推上山顶，每次把巨石推上山顶巨石又会从山顶上滚下来；然后，他又不得不再次从山下把巨石推上山顶去，如此往复不断。这种徒劳无功、毫无指望的苦役，可以说是最可怕的刑罚了！其实在这个社会的角落里存在无数的西西弗斯，他们每天承受着无尽的巨石的折磨。我们称这群患者为“强迫症”患者。他们陷入了一种无意义，且令人沮丧的重复想法与行为当中，一直无法摆脱它。

强迫症是一种焦虑性障碍，其中最突出的是控制病，患有强迫症的人并不觉得他们的控制是有效的。多年以来，人们一直认为强迫症是一种罕见的疾病，因为只见少数几个人有这种情况。但是这种疾病常常被低估，因为病人会隐瞒病情不去寻求治疗。根据世界卫生组织的调查，全世界约有 2% 的人，也就是每 50 人就有 1 人患有这种疾病，它是催人衰老，使精神衰弱最厉害的十大疾病之一。

强迫症的两大症状

强迫症的基本特征是出现反复发生的强迫想法或强迫行为。强迫想法是指反复且持续的思想冲动或影像，这不只是日常生活的过度忧虑而已，还会让人觉得焦虑痛苦，甚至必须以某些反复的行为来抵消或逃避，像挥之不去的性幻想；反复害怕弄脏的感觉；反复怀疑煤气灶没关好；东西不对称或是未按想象中的规则排列时，会觉得很难过等。

强迫想法决定强迫行为。强迫行为是一种必须进行的仪式化行为，为的是不让强迫想法中如此担心的事情发生。强迫行为是患者为了顺应强迫想法的不断干扰，或是抵消焦虑感，而衍生出的重复行为，不过这些行为又会引发新的焦虑。例如：反复检查门窗是否上锁；克制不住的数电线杆或台阶；疯狂购物到了刷爆信用卡的地步；不管触碰任何东西都要反复洗手。

我们在世界上所做的一切都有可能变成强迫行为，强迫行为的定义是我们不得不违背自己的意志和信念极其迫切地做某些事情或想某些事。之所以极其迫切，是因为不这样就会产生可怕的后果。担忧是具体的，往往还是生动形象的。担心危害自己或别人，担心造成事故并且因此而被判有罪，也可能是担心自己会失去控制而杀人等。事实上这种强迫性冲动永远不会变成现实。这种强迫行为如被阻止，就会产生惊恐性的焦虑。

你可能想问：“洁癖”与“重复检查行为”都是常见的现象，也算是强迫症吗？其实，只有在这样的观念或行为引发了健康损害、明显痛苦、浪费时间、或是严重干扰到日常生活或社交时，才称做“强迫症”。

强迫症即一个人自相搏斗

心理分析大师弗洛伊德说强迫症的本质就是“一个人自相搏斗”，由于自相搏斗的内在冲突不断延续，强迫症也不断扩展，形成恶性循环的“怪圈”，从而使病人陷入痛苦的深渊。

如何理解强迫症自相搏斗的实质？这就需要考察强迫和焦虑不安的关系。强迫症病人有一些引起焦虑不安、恐惧的强迫想法。这些强迫想法是不随意、不能由自己的意志所控制的。例如很多强迫症病人有怕脏、怕污染、怕伤人、怕出错、怕发生意外等念头，这类强迫想法引起焦虑不安是十分自然的。但是很多病人总想否定、排除焦虑不安，结果却总是力图克制而不能，感到极其痛苦。

另一类搏斗就是为了减轻焦虑恐惧而采取的种种行为和心理的对抗反应。例如因为怕污染而反复洗涤，因为怕发生意外而反复检查煤气开关、水龙头和门窗，因为要求吉祥而重复写一个“吉利”数字等。在心理对抗方面，如一位中学男生在上课时反复想一个女同学，他为自己的分心而苦恼，每当想女同学的杂念出现时，他就在心里责骂自己“再想就是混蛋”、“再想就是蠢猪”，各种咒骂都用上了，但杂念只在咒骂时停歇一会儿，不久又再次出现，因此他觉得不能控制，无能为力。还有的患者以回避行为来对抗。如怕用刀剪伤人者，回避使用刀剪；怕自己从阳台跳下，就将阳台的门窗封死。

强迫症，与人格有关

患强迫症的人中有 50% 都是因为自己是个倾向强迫症性格的人。但强迫症与强迫性人格障碍不相同也没有因果关系。具有强迫症倾向的人一般都存在过于追求完美与理想主义的人格特质。他们做事认真、刻板，往往对自己要求过高，特别讲究秩序。像某类成功人士，天生就有不断追求完美的欲望与激情。追求完美与获得成功之间，很容易形成一种互动；越是追求完美，人越容易成功；取得的成功越多，追求完美的欲望也越强。在完美主义与社会期许的双重推动之下，成功反而变为一种强迫的需要，并且变成压力。这样持续下去，人会不知不觉地陷入强迫症的泥沼，同时也对自己的生活与身体健康造成影响。

强迫症，不安全感的补偿

每个人的心理表面上看起来是比较平静而有安全感的，但在内心深处，则隐藏着各种危险感或称不安全感。这种不安全感主要是由不确定感或不可控制感引起的，所谓“天有不测风云”，就是说危险的发生具有不可预测性，这种不可预测性会让人感到特别不安。如：手摸了脏的东西，会不会患病？不知道。如要不得病，怎么办？就要洗手，正如我们受到的教育“饭前便后要洗手”那样。但洗多少遍才不会得病呢？不知道。怎么办呢？多洗。多洗多少遍才行呢？还是不知道。那就尽量多洗。其次是由不完善感导致的。因为，当一件事情即使是比较保险，但是，只要不完善，不可控制，只要存在“万一”，人们就会不放心，就会产生不安全感。这就是人们常说的“不怕一万，就怕万一”。如，家里的房子已经有一扇木门了，但不扎实，力气大的人一踹就开了，防不了小偷，怎么办？那就在木门外加一道防盗门，这确实保险了，小偷踹不开了。但防盗门是用锁来锁的，一般的锁小偷很容易弄开，怎么办？那就换成防盗锁，这也确实保险了。但又有忘记锁门的时候，怎么办？那就检查，反复地检查。面对这样或那样可能的危险，人们总是想用各种办法来减少危险发生的可能性并努力防患于未然。如果这些办法都没有效，怎么办？有一个办法，就是控制自己的心理活动，不让自己想那些不吉利的事情，不让那些“坏”念头出现，而努力让自己想一些好的事情，以此来冲淡、驱除那些不好的念头。但欲望、思维、记忆、躯体感受等是不受意志控制的，也是不能够用意志消灭的。此时，便更加变本加厉地去控制这一切，最终就形成了典型的强迫症。从这种意义上说，强迫症患者是企图通过各种方法获得安全感但最终失败的人。

强迫症是一种迷信行为

迷信可以依照人们的愿望，通过人们的想象，来完成任何人想要完成的事情，特别是在获得安全感、减少不安全感方面。由于迷信通常是缺乏理性实质的信仰、准信仰或习俗，因此在满足安全感方面更多地是在象征层面上的满足；在实践上呈现出的是一些象征性的仪式、信念和操作。例如，当你恨一个人，恨不得要将他杀掉的时候，你可以用布或者稻草扎一个人，上面写上他的名字，然后用针扎这个假人，用刀割他的“肉”，挖他的“心”，嘴里念念有词，说“你要大病一场，不久将身患绝症死亡”。相信这种迷信的人，通过这样的仪式及操作，他就可以在想象中将别人杀死，以获得心理上的极大满足。开汽车的人，为了获得安全感，为了不出交通意外事故，过年的时候，在车身上贴上“一路顺风”的红春联。迷信往往是亚文化的，经常不是自己发明的，是从别人那里听说的或学来的。人们为了更多地获得安全感，还会自己独创性地发明一些“个人迷信”。如在东方文化中数字“4”与“死”谐音，“4”就代表着不吉利。有位病人在“4”点的时候一定停止工作。又如一个人在睡觉前总要检查鞋子是否摆放整齐，摆放不整齐就睡不好觉。所有这些，都是人们想通过这些做法，来控制、把握、支配那些他本来无法把握或没有信心把握的事情，以此缓解他们内心的不安全感。

行为主义学家认为，强迫症在本质上是一种迷信行为。当你在应对生活中的困难事件时，偶尔发现了一种方法很有效果，虽然这种效果很可能是多种偶发因素综合的结果，但是一旦出现类似问题，你便会自然重复使用这种方法。如果你是一位神秘论者，总相信冥冥之中必有定数，一切业果皆有业因，那么你自然会很容易把两件毫不相干的事情联系在一起。实际上，任何有科学常识的人都知道，今天你下楼梯时最后一步是左脚还是右脚，与下班总结时是否能得到老板的夸奖完全没有关系。

强迫症可以治疗但需耐心

治疗对于大约 80% 的强迫症病人都有效。一项研究显示强迫症病人的疗效有 20% 可以做到完全无症状，50% 有很大改善，且可以适应社会，14% 稍微改善，有社会适应障碍，剩下的 16% 为顽固性病人。

如何治疗强迫症？或许有人会推荐一些妙方，例如中药或宗教疗法，这些方法或许有用但并非有效方法。因为在中药当中没有针对强迫症的特效药，大多是辅助性质而已。宗教疗法也只对虔诚的教徒有帮助，但是却无法放诸四海而皆准。其实最有用的方式还是抗抑郁药物加上认知行为治疗，这些方法大约可以改善 80% 左右的症状。新一代抗抑郁剂的药理作用在于阻断血清素的再吸收，让神经细胞间隙的血清素浓度增加。利用高浓度的血清素，来调和头状核与前额叶的病灶，减轻强迫症状。

认知行为治疗的指导原则就是“暴露不反应”。也就是与强迫症状共存，但是不随着其节奏动作。例如摸到脏东西，不去清洗，让自己的焦虑在 30 分钟之后自然消退。

除此之外，强迫症患者必须遵守以下几个治疗原则：一、不管别人如何说，只跟自己的症状比较；二、不要放弃，学习放下；三、要有背水一战的决心，千万不要替自己找借口逃避；四、要有行动，光想没有用，说到做到；五、找工作，让自己有成就感；六、将成功的经验记录下来，不断地勉励自己。

强迫症自我检测

你患了强迫症吗？如果你尚未觉察或有所怀疑，不妨根据下面的提示来自我判断一下：

①反复思考一些无实际意义的问题。如：人的耳朵为什么生长在头颅两侧？

②经常强迫自己计算毫无意义的数字，如一边走路一边数多少步。

③老是强迫自己回忆某些往事。

④总担心自己在某一场合失控而做出违法的事。

⑤自己不明白也无法控制地反复洗手或换衣服。

⑥总怀疑门或抽屉没锁上而反复检查几遍。

⑦信件寄出后常常怀疑地址是否写错，后悔当初没有进行反复的检查。

⑧在某些场合所想的和所做的总有矛盾，如站在桥边就几乎忍不住要跳河。

⑨对一些无关紧要的事或现象，追根寻源总想弄明白，结果越弄越“糊涂”。

⑩见到或听到某件事总会联想到别的事，如：见到车祸即联想自己亲人的意外。

⑪为摆脱症状而刻板地、重复地做一些仪式性动作，如要摆脱反复洗衣服而不停地搓手。

⑫上床后浮想联翩，难以入睡。

⑬害怕自己会演变成精神病，并害怕无法医治而悲观。

⑭明知自己所想的或所做的事是不合理的而又无法摆脱，

因而深感痛苦，焦虑不安。

如果你的症状符合上述提示中任何四项或四项以上的话，那么你可能患上强迫症了。

4.“焦虑之海的浪峰”
——惊恐发作

☞**案例**

她，在33岁时第一次惊恐发作，她说自己以前是不引人注目的，曾是个没有问题的女人。那是在儿子9岁时，她被召到学校去，获悉自己的儿子逃了学，大为震惊。发生这样的事，在这个家里简直是骇人听闻的，因此她突然两眼发黑，感到眩晕，她说觉得好像要晕厥了，心悸，透不过气来，她感到焦虑和惊恐，觉得“世界末日到了”。被送到医生那儿时她的惊恐发作已经消退了，医生把这当作心脏病对她进行了检查。以后她再三出现惊恐发作，却一直没有得到正确的诊断。因为她的主要症状是心悸、胸闷、眩晕、胸痛。于是她寻求各种不同的解决方法。医生们各显其能，但都效果平平。两年后她觉得无论如何得采取行动了，因为她越来越不愿意出门，产生了对焦虑的焦虑，对惊恐发作的焦虑。惊恐发作总是出现在非常特别的情境中，她已经无法将其与任何东西联系起来了，比如坐在公共汽车上，会出现惊恐发作，这还不是十分可怕的，因为周围行人可以帮助她。但是她对在大街上或在剧院中的惊恐发作产生了极大的焦虑，出于对焦虑的焦虑，她的生活圈子越来越窄，她开始经常采取回避行为。最终在自己的生活中再也没有立足之地，什么也干不了了。

☞解析

所谓惊恐发作是指高度焦虑状态的突然出现。此类发作通常发生在某个限定的时间内，伴随着焦虑感和恐惧感，同时出现 4 种以上以心脏为中心的植物神经症状，并在几分钟到 10 分钟之内达到高潮，瞬时恶化，然后恢复原状。症状持续时间一般在 1 分钟到 1 个小时。

惊恐发作是猛然压倒一切的完全不可预见的焦虑发作，患者感到一阵阵像暴风骤雨般猛烈袭来的焦虑，感受到一种无法对抗的致命的威胁，只能无助地听任摆布。由于这种焦虑感本人是无法控制的，患者往往担心自己会丢人现眼。同时，对现实感正在逐渐弱化（感觉力弱化）以及剧烈的身体方面症状(植物神经症状)，又使患者觉得死神临近，以至于吓得浑身发抖。所以，经历过惊恐发作的患者当回忆往事时仍然后怕不已。

惊恐发作的简单判断

(1) 突然发作的失控感或濒死感或缺氧感、虚弱感、胸闷气短、心悸心慌，头晕眼花，一般 10 分钟到 1 小时内自动缓解。

(2) 伴有出汗、口干、尿频等植物神经紊乱症状和肌肉紧张疼痛等。

(3) 经常急诊，但检查正常。

（4）缓解时还担心再次发作失去控制，心脏病发作。因此不敢独自出门。

惊恐发作并非心脏病

惊恐发作是一种与器官有关的恐惧症，心搏可能停止，却查不出任何器质性的心脏疾病。再回想一下惊恐发作的症状，就能明白惊恐障碍是与心脏有关联的，因为惊恐发作的症状与心脏病非常相似。

惊恐发作首先出现的症状是一种生理感觉，心脏开始疯了似地跳个不停，往往在喉咙口和胸口可以强烈地感觉到心跳，突然大汗淋漓，浑身颤抖，抽搐，眩晕，感觉像要晕厥了，在急速的呼吸中出现所谓的换气过度。病人会觉得自己是心脏病发作了。

但是，在对心脏病发作的恐惧症中占主导地位的并不是对晕厥的恐惧，而是害怕心脏会发生什么意外，可能是心跳停止，也可能是心肌梗塞，这里处于中心位置的并非如一般人所想象的是对死亡的焦虑。而是害怕因为这种发作会陷入无助境地，会失去对自己的控制，而身边又没有人能够或愿意帮助自己，如患者会说当时也会想到死，但主要是因为害怕发病之后没人能帮助他而感到惊恐性的焦虑。可见产生这类焦虑性障碍的根源在于害怕无助，害怕对自己和情境失去控制，孤立无援，害怕没有人告诉自己在这种情况下应该干什么，怎么干，也就是害怕被迷乱所淹没，归根到底当然也是对死亡的焦虑。这种惊恐发作会引起极大的恐慌，因此患有惊恐发作的人就努力避免惊恐发作，于是对焦虑的焦虑，使他们完全丧失了活动能力。

惊恐发作，与场所无关

惊恐发作的出现是出其不意的，并在10分钟左右达到最高潮。发作过程中，剧烈的植物神经症状及焦虑状态并不会持续太久。绝大多数的患者在30分钟左右就能复原，一点事都没有。因此，大部分惊恐发作的患者在被送进救护车时，症状已经十分轻微，到达医院后已经恢复正常。

大多数患者不知道惊恐发作的直接原因。他们往往认为焦虑的产生是因为身体方面的症状引起的，而实际上精神焦虑和身体方面的症状是同时产生的。像这种焦虑，其诱因来自患者身体内部。

由于患者的惊恐发作是突然出现的，因此把惊恐发作时所处的场所当作惊恐发作的原因实属牵强附会，这只不过是个巧合而已。但患者往往把惊恐发作时的恐惧体验和惊恐发作时所处的场所结合起来考虑。一句话，患者产生了错误联系。这样一来，患者就把这特定的场所当成了其恐惧的对象。只要一来到这类场所，患者就会产生“肯定会再次惊恐发作”的预期性焦虑，从而想方设法逃离。一旦惊恐发作如患者预期那样降临，患者的这种错误联系就会更加根深蒂固。这样的联系对惊恐发作患者也有好处，因为没有对象或场景的恐惧（自由漂浮的焦虑）实在不好处理，但一旦恐惧维系于对某一客体的焦虑或恐惧，它就比“自由漂浮”的不确定的焦虑更容易克服。而克服的方法就是对那些他认为可能诱发惊恐发作的场所或状况设法逃避。

惊恐发作，与个性有关

惊恐发作患者神经系统天生容易兴奋、胆小、神经质、内向，常常有由父母的胁迫性及过度支配性态度所引起的关于依赖与独立的内心斗争。

依赖性强的人对离别很敏感，独立性强的人对窒息状况很敏感。但是，这二者中的任何一方在人际交往中都没有自己的主张，常常被他人的意见所压倒，从而开始逃避未知的场面。其结果，他们的活动范围越来越窄，从而失去了好多学习正确预知危险及适应和对待环境的好机会，使其防卫机制不能发展成熟，开始为人际关系而烦恼，有时会以对人恐惧的形式表现出来。

这种人有很强的孤独感和被逼迫感，老是觉得喘不上气，且容易自暴自弃。一旦有什么事让他觉得愤怒或是有罪恶感时，他就深信自己受了欺骗，立即强行中断和别人的往来。

他们自知自己有消极情绪，但又不知其原因，这样使消极情绪变得更严重，形成一种恶性循环。无视消极情绪会使患者把注意力转向身体方面的症状，从而导致焦虑同身体症状之间的恶性循环的产生，并最终引起惊恐发作。

归纳起来有以下几点：

（1）多数患者幼年时有胆小、神经质及内向的表现。

（2）多数人记忆中有父母易怒、令人生畏、很挑剔、爱指使人的记录。

（3）患者在自嘲的同时，对家人带有攻击性。

（4）患者自尊心不强。

（5）患者对配偶的评价是：心平气和、热情、和蔼、不嫌麻烦、对自己很有帮助。

（6）惊恐发作之前曾出现内心斗争或令自己十分不快之类的精神紧张状态。

惊恐发作患者可以做些什么？

首先，患者必须了解惊恐发作的性质。由于惊恐发作的症状起源于心理冲突，它是一种功能性疾患，不会造成精神残疾，更不会因心跳加快而致人死亡。因此在用药物治疗解除症状的同时，还需接受心理治疗。

其次，患者还应懂得，如果对焦虑情绪和躯体症状过分注意，不但于事无补，反而会使症状加重，形成恶性循环。因此在日常生活中，患者要带着症状去做自己力所能及的工作，而不要过分注意自己身上的症状。尽可能不要在家里休息，不要白天躺在床上或坐在沙发上空想，而要投入到工作、生活中去。即使在家里，也要尽可能从事家务劳动和娱乐活动，转移对焦虑的注意力，以打破惊恐发作的恶性循环。

最后，患者至少要学会一种控制焦虑的方法，比如腹式呼吸放松法（深呼吸法）：腹式呼吸放松法是一种慢节律的深呼吸。与胸式呼吸不同的是，吸气时，腹部是向外鼓胀，呼气时腹部向内收。患者把注意力集中在呼吸的感觉上，例如，感觉肺部的扩张与收缩，空气的进与出，腹部的运动等。由于注意力集中在这些感觉上，患者就不太有可能产生焦虑。

家庭成员及周围的人可以做些什么

不管是什么疾病，不同的对待方法会使病程产生很大差别。惊恐发作通过药物能够达到百分之百地控制。轻病例，通过药物治疗一周之内发作就会平息。重病例则需要花 2～3 个月才能使发作消失。在此期间，如果惊恐发作该怎么办？以下几点，患者的家人及其周围的人最好能说服患者接受。

惊恐发作是焦虑之源。越害怕惊恐发作，焦虑就会越严重。而且，患者事先已经做过充分的身体检查，根本就不用担心患上了什么严重疾病。

惊恐发作时尽量深吸气，放慢呼吸速度。症状一旦出现的话，症状的自然消失要比服药生效后消失得快。所以，不要作无谓的抵抗，要面对现实。观察发作症状的种类、程度及其出现顺序，请患者把发作瞬间出现的想法记在笔记本上。症状好转以后，引导患者去思考今后的行动。

家人和周围的人对惊恐发作的理解

因为惊恐发作是一种身体方面检查不出什么异常，但却会引起严重症状的病症，所以患者的家人及周围的人首先应该理解有这么一种疾病存在。那种因病人身体上看不出什么异样，便轻易断定病人是装病的做法应尽量避免。

其次，还要理解，那些严重的发作既不是由患者精神上的烦恼直接导致的，也不是由于患者陷于一种不利状况，从而想从这种状况中逃脱而引起的。如果这一点不能被大家所理解，患者在受病魔折磨的同时，再加上周围人的偏见，就会被双重痛苦所困扰。

患者周围的人也有必要了解：惊恐发作不是一种懒汉病，患者不是故意在装病。对患者来说，这种病也是十分棘手的。

现将患者的家人及周围的人在对待患者时应特别注意的一些事项，总结如下。

（1）不要胡乱求医，要寻找能把惊恐发作诊断出来的医生，并和其保持良好的信赖关系。

（2）认识到即使临床检查结果表明身体没有异常，也不等于患者就没有这类疾病。

（3）不探讨患者病发的心理原因。理解惊恐发作不是假病，且病发的原因不是由于患者想通过惊恐发作来为自己谋求无意识的愿望。

（4）确信药物能治愈惊恐发作。

（5）家人及周围的人在患者病发时不要大吵大闹，过度的反应会导致患者更加焦虑，使症状进一步恶化。

二、他们在混沌中挣扎

——精神病性障碍漫谈

1．在现实与幻境中找回自我

——精神分裂症

☞案例

他今年16岁，从小学以来，就是个内向的孩子，不爱讲话，朋友也不多，性格较文静，但功课还算不错，老师和爸妈也颇为喜爱。虽然说，他不是特别突出的孩子，但是在学业上、生活上从来不让人担心。

他最感兴趣的是听音乐、看书，不太喜欢运动，也不喜欢跟朋友外出郊游。比较特别的是，他对于宗教、哲学相关的书籍比较感兴趣，有时候，也会讲一些比较具有哲理意味的话语，但是基本上，他还是个很平常的小孩。

上高中后，也许是功课的压力，也许是人际关系的障碍，他开始更加沉默，几乎不跟人讲话。几次月考下来，一次比一次成绩差，到了后来，几乎都是末名。爸妈都很担心，也跟老师讨论过。原本以为是他交了什么坏朋友，但是学校同学却否认了这样的猜测。大家都说：他根本不跟别人讲话，也没什么朋友，更不会跟一些坏朋友交往。下课后，他也不会出入一些不良场所。

今年端午节以后，他突然变得多话起来，胡言乱语，说一些没人听得懂的话，语句之间跳来跳去，答非所问。如下列的对白："我头很痛，今天天气很好，为什么是绿色的，大狗跑来跑去。”

到后来，他的言语越来越乱，字与字之间越来越不能连贯，他也没有办法好好解释这些字句的意义了，但他还是会常常无端发笑，不知道为什么，他的行为越来越怪，比划一些奇怪的手势，或是一些无意义的动作。如：先半蹲，然后左脚扭一下，头向上看，再站起来，如此周而复始。

别人跟他讲话，他只会对着别人痴笑，答非所问。他也越来越不能照顾自己，常常几天都不洗澡，浑身发臭。有一天，爸妈甚至看到他在玩自己的大便，一双手把大便涂得满脸都是，发现别人在看他，一点也不在意，仍低头继续玩。

爸妈吓坏了，把他带去附近的一家医院，医生只看一眼，就叫他们尽快带他到大医院的精神科。他倒是不以为意，父母硬带他去，他也不做什么反抗。

到底发生了什么？为什么一个年轻人会突然变成这样？

☞**解析**

这是一个典型的青春型精神分裂症案例。精神分裂症，一种发病于青春期和青年时期的严重精神疾病。有此病的患者很难分辨真实和虚幻，就好像既清醒却又在做梦一般。这种病可以在多方面影响一个人的日常生活，尽管精神分裂症在每一个人身上的表现都不相同。患者可能感到思维不清或迷糊，使他在处理日常事务上有困难。患者也可能在工作岗位上较以前差，很难集中精神或思维反应敏捷清晰，在其他活动上亦有同样困难。他会发觉很难与人沟通和表达自己的感觉，以致和他人的关系疏离。有时患者太过沉醉在自己的思想和感受世界中，以致忽略照顾自己每日生活的基本需要，如进食、睡眠和个人清洁等。

精神分裂症是一种严重的慢性脑功能障碍，总人口约有1%在一生当中会发生精神分裂症。虽然罹患精神分裂症的男女几率相当，但男性会较早发病，通常是在20岁前后，女性则是在20岁至30岁初。

精神分裂症是一种严重的脑疾病

很久以前，人们对精神分裂症有一种错误的认识。他们认为精神分裂症“完全是人们的思想问题”。现在，人们知道了精神分裂症的真相，即精神分裂症是一种大脑“疾病”。精神分裂症患者的大脑深处与正常人相比有很大的不同。研究精神分裂症的学者通过拍摄大脑的细节图片发现了这一点。除了大脑结构的不同外，患者大脑里面的多巴胺缺乏。多巴胺是一种神经传导物质，这种传导物质缺乏，会造成病人在思维上的障碍，很多病人可能一开始就有病在大脑里面，只是没有发现，等到发病了，他们的家属就会说，他就是因为考试没考好才发病；或是说因为失恋才发病，事实上未必是这样。就像人们常说的，那只是压垮骆驼的最后一根稻草，因为事实上他大脑里面已经存在神经传导物质不足的情况了，先天不足后天失调，后来因为某个难关，他过不去了，导致他的病发作。不过现在新一代的药物可以直接调整多巴胺，或血清素、去甲肾上腺素，或其他神经传导物质，这需要医师专业的诊断来下处方，透过药物可以直接作用于神经的传导物质，有很多病人的病情会因此得到改善。

精神分裂症有遗传

长久以来的理解是精神分裂症会在家族中遗传，与精神分裂症患者有亲近血缘的人，比其他人有较高发病的可能。例如，同卵双胞胎，其中一人若得精神分裂症，另一人最高会有40% ~50% 的发病风险。精神分裂症者的儿女，约有 10% 的患病可能。而广大人口患精神分裂症的风险约为 1%。

精神分裂症是一种有遗传性的疾病。这不是说当家庭中有成员患有精神分裂症时，则其他家人便一定会成为患者，更不是说精神分裂症患者不能结婚及生育。其实被遗传的是患精神分裂症的倾向而非疾病本身。有这种倾向的人，在压力下才发展成病；至于要多大的压力才导致发病则因人而异了。

曾有人做过实验，证实精神分裂症病人的家属，即使没有发病，某些认知功能（如注意力）会比一般人差。所以，“精神病患者的家属容易得精神病”固然是事实，但也不要对精神病患者的家属投以有色眼光。

精神分裂症，心理压力是诱因

由于精神分裂症患者多数在压力下发病，所以心理压力可能是这种疾病的诱因。就年轻男性而言，一个充满压力的阶段便是踏入成年的时期。在这期间，他要努力去找寻理想职业，选择朋友及迈向独立生活。这一时期便是男性精神分裂症患者最常发病的时期。就女性而言，人生的重大压力较迟出现，通常是当她们有了孩子以后。所以，我们发现女性精神分裂症患者发病时间一般比男性为迟。

家属身故、失业及感情破裂均会带来严重的心理压力，亦能令精神分裂症恶化引致其复发。当一个人患有精神分裂症，他所身处的环境如家庭、工作场所等对其病情均有一定的影响。其他人可以借着鼓励而帮助他恢复以往的状态。相反地如周围的人对他催迫、唠叨及批评时，病情便可能恶化。另一方面对病者过分照顾，令他无所事事，也一样会令病情加重。

当然，心理压力是不可能完全避免的，但家人是可以互相帮助及循序渐进地应对各种困难。我们很清楚家庭对患者可以有很大的帮助，但家庭亦能令事情更具压力。不过，并没有证据显示是家庭造成精神分裂症的。

数年前，不少精神病专家相信精神分裂症完全是由于父母教养儿女的方法所致。虽然我们知道父母的教养非常重要，但至今并没有科学证据证明不妥善的幼儿护理及不快乐的童年会造成精神分裂症。

精神分裂症的两大类症状

精神分裂症的病人是在思维上、认知上出了问题，他的整个认知能力普遍下降；所产生的一些症状，又可以分成阳性症状、阴性症状两大类。阳性症状包括幻听、妄想等。幻听就是病人耳朵听到一些声音，如没有看到人但可以听到声音。妄想也可以细分，比如说被害妄想，或是关系妄想。被害妄想是怀疑别人对他不利。关系妄想是说他会有一些莫名其妙的联想，比如说，他会觉得报纸、收音机、电视在讲他，在影射他；或是，在路上大家的目光偶尔会有交集，但他就会觉得好像全部的人都在注意他，常疑神疑鬼。这属于阳性症状。阴性症状，就是他会变得非常没有动机，非常被动，很懒惰、很懒散；他们不修边幅，甚至不洗澡，身体有味道，整天畏缩在家里，或畏缩在床上睡觉，整个人脱离社会；不愿意跟人互动，一天可能讲不到几句话。这一类精神分裂症病人最容易为人们所忽略，误以为他们“懒”、“怪”、“不求上进”。

精神分裂的症状，幻听与妄想

如有一位青春年华的年轻女孩，突然出现嘴巴动来动去，喃喃自语的情形。她跟家人说，好像听到有人在跟她说话，但家人不以为然，以为只是年轻人乱讲话。后来，她走上顶楼，纵身一跳，摔死在家门口的马路上。

这就是典型的“幻听”。或许我们会觉得怎么有人会蠢到相信耳朵旁边古怪的声音，但“幻听”虽然只存在病人脑海中，对病人来说，却跟平常所听到的声音一模一样，甚至逼真到跟自己的亲朋好友讲话的声音、语调完全相同，就好像有人一直在耳朵旁边说悄悄话。有些病人为了听耳边的“幻听”，对其他事情完全失去兴趣。有些病人可以旁若无人地跟幻听对话，旁人看来就像他在自言自语。有些病人则无法抵抗幻听的内容，幻听叫他跳楼就去跳楼，叫他打人就去打人。有些幻听听起来好像邻居在说病人坏话，于是病人便深信不疑地拿把菜刀去找邻居算账。有些幻听则充满威胁、伤害或幽魂鬼怪，让病人听得胆战心惊，把房门锁紧，害怕死神来找他算账。

精神分裂症病人另一个典型的症状“妄想”，就是有明显与事实不符的想法，即使经过说明、解释，病人仍然坚信自己的想法。有些妄想会受到幻听影响，譬如病人如果听到一个有权威的声音一直对他说：你是上帝的孩子，病人可能会因此认为他自己是耶稣投胎转世，拥有至高无上的神力。有些病人则会莫名地认为有人在监视他；认为身边的亲朋好友不怀好意，可能正奉某集团的旨意要来杀他。有些妄想毫无道理可循，如有些病人会觉得外星人杀了爸爸妈妈，披上人皮，假扮成父母的身份跟他生活。有些病人会觉得身边的人是外星人、是蚂蚁、是猪狗牛羊。也有病人认为自己的五脏六腑都腐烂了；或觉得自己是罪大恶极的人，如果不赶快自杀全世界就会毁灭。最棘手的是嫉妒妄想，丈夫坚信太太有外遇，每天检查太太的头发、内衣裤寻找外遇的证据，甚至可能怒火中烧，亲手杀了“不贞”的伴侣。

病人“妄想”的内容非常丰富，有些极端怪异的妄想，如认为外星人在自己的脑袋里装了电波发射器。这种情况几乎一听就可断定很可能是精神分裂症的征兆。

精神分裂症的四大类型

精神分裂症依其病症表现可分为四大类型。

一、精神分裂症妄想型

妄想型是最为常见的精神分裂症类型。起病年龄较其他各型为晚。病初表现为敏感多疑，逐渐发展成妄想，并有泛化趋势，妄想内容日益脱离现实。有时可伴有幻觉和感知觉综合障碍。情感和行为常受幻觉和妄想支配，表现为多疑、多惧，甚至出现自伤及伤人行为。此型病程发展较其他类型缓慢，精神衰退现象较不明显，自身缓解者较少，但经治疗则收效较好。

☞案例

被美丽心灵唤醒的数学天才诺贝尔经济学奖得主约翰·纳什就是一位精神分裂症妄想型患者。发病时，他用手指着《纽约时报》头版的左上方，对着同事说：来自外太空或者外国政府的抽象力量正在通过《纽约时报》和他进行交流。在驾车旅行时，他不断转换电台，认为他们正在向他发送信息。他认为在麻省理工学院，乃至全波士顿打红领带的人在他看来都是别有用意的，打红领带的人是一个确定模式的一部分，而且还与一个秘密的组织具有某种关系。他一直抱怨有人在对他进行“窃听”。有时他会神秘兮兮地对同事说：“看对面那条狗，它正在跟踪我们。”他对同事讲人们正在谈论我，你应该已经听见了等。

二、精神分裂症青春型

本型也较为多见。多发病于青春期，起病较急，病情发展较快。主要症状是思维内容离奇，难以理解，思维混乱，情感喜怒无常，表情做作，弄鬼脸，傻笑。行为幼稚、愚蠢、零乱，精神症状丰富易变。此型病程发展较快，虽可自发缓解，但维持不久，易复发。抗精神病药物系统治疗和维持治疗可延长缓解期，减少发病。

☞案例

见本章开头提供的案例

三、精神分裂症单纯型

本型较为少见。多数患者在青少年时期发病，起病缓慢，持续进行，表现为：孤僻、被动、活动减少等情形日益加重，并日益脱离现实生活。临床症状主要为：逐渐发展的人格衰退（指行为退缩、封闭，是描述人格改变的专门术语）；一般无幻觉和妄想，如有则多为片断或一过性。此型患者在发病早期常不被人注意，病情往往经过数年，发展到较严重时才被发现。此类型自动缓解者少，治疗效果和预后较差。

☞**案例**

近半年来她经常独自发呆，上课时心不在焉，下课后完不成作业，与同学疏远，放学回到家就躲进自己的房间，只在吃饭的时候才慢腾腾地出来，见了家里人也无话可说，一个人低头吃饭。家里人以为她遇到什么不顺心的事情，或者女孩子大了，有自己的心事，不好意思说出口。跟她谈了几次，也都问不出个所以然来。

新的学期开始后，她更加懒散，每天早晨要家里人一再催促才起床，上学迟到是家常便饭，有时干脆旷课，独自呆坐出神。一年多的时间过去了，家里人几乎一切办法都想尽了，就是无法改变她的状况。

四、精神分裂症紧张型

大多数发病于青壮年时期，起病较急，主要表现为紧张性木僵和紧张性兴奋，两者交替出现，或单独发生。最主要表现是紧张性木僵，患者不吃、不动也不说话，如泥塑木雕或如蜡像一般，可任意摆动其肢体而不作反抗，但意识仍然清醒。有时会从木僵状态突然转变为难以遏制的兴奋状态，这时行为暴烈，常有毁物伤人行为，一般数小时后可缓解，或重新进入木僵状态，但严重时可昼夜不停。此类型有可能自动缓解，治疗效果较其他类型好。

☞**案例**

他多数时候，都是坐在那里发呆；有些时候，则会站在那里，摆着某种奇怪的姿势，动也不动，有些动作甚至令人很不舒服，例如单脚半蹲等，他自己却毫无反应，也不以为意。对于别人的问话，他多半置之不理，偶尔会喃喃自语，说一些没人听得懂的话。曾经有一次，他枕着一根木头睡觉，清洁工在打扫时，无意中把木头给弄掉了，他就保持着这个姿势，头抬着，悬空着，动也不动，仿佛底下枕头还在似的，过了一个多小时，才完全躺下来。他多数时候蹲在那里，不乱动，但偶尔也会突然大声叫喊，躁动不已。几个暴躁的工人动手打他，但他毫无反应，继续乱动，直到累倒。

精神分裂症的九条诊断标准

九条症状诊断标准如下：

(1) 反复出现的言语幻听或者说听力幻觉。

(2) 明显的思维松弛、思维破裂、言语不连贯，或思维内容贫乏。

(3) 思想被插入、撤走、播散，思维中断，或强制性思维和行为。

(4) 被动、被控制或被洞悉体验。

(5) 夸大妄想、迫害妄想、知觉妄想、心境妄想，或其他荒谬的妄想。

(6) 思维逻辑倒错、病理性象征性思维，或语词新作，不能进行逻辑推理。

(7) 情感倒错，或明显的情感淡漠、欣快、退缩或忧郁。

(8) 紧张综合症、怪异行为，或愚蠢行为。

(9) 明显的意志减退或缺乏，意识、记忆和定向障碍也常出现。

如果有上述症状至少 2 项，且已持续 1 个月。并有社会功能严重受损或无法进行有效交谈。那么诊断精神分裂症就毫无疑问了。

精神分裂症，长期治疗是关键

自 1950 年中期以来，即有抗精神病药物投入临床使用，这些药物使精神分裂症的治疗前景变得颇为乐观。这些药物的治疗能减少精神分裂症患者的精神症状，使患者能更适当、更有效率地发挥自身功能 。事实上，抗精神病药物为目前最佳的治疗方式，但是它们并不能“治愈”精神分裂症，或确保精神病不再复发。选择什么药物以及所用剂量的多少要由接受过治疗训练的医师来决定。使用药物既要能减轻症状又不致有过多的副作用，而患者的病症因人而异，需要医生有针对性的个别用药。

绝大部分精神分裂症患者在服用抗精神病药物后，情况会大幅度改善，但是，有些患者从药物治疗所获得的帮助有限，有些甚至一点作用也没有。哪些患者属后两类，而非大部分能从抗精神病药物获得帮助的前者，很难事先判断出来。

精神分裂症是无法根治的，不过如果能够提早治疗，将有助于稳定和控制病情，病情复发的几率将会减小，病人有机会重新融入社会。

精神分裂症复发率很高，多数人终其一生需继续接受治疗，包括定期的门诊治疗、康复之家、日间病房，甚至慢性疗养院等。坚持长期治疗是患者获得康复的关键。

精神分裂症家人如何与患者相处

一、鼓励亲人继续服药

家人可以鼓励患者按照医生的吩咐服食药物。很多时候病人认为他们不再需要药物，尤其当他们感到病情好转时，但按时服药或打针都是非常重要的。家人可以在这方面承担重要的角色，鼓励患者坚持服药。如果停止服药，病情迟早会复发。有时，药物会产生副作用，这时就应该和医生商量具体服用方法。

二、平静及松弛才最能帮助病人

精神分裂症病人可能对压力或转变非常敏感。家人可以帮助病人减轻压力，或帮助病人去适应压力。

压力可以是来自日常生活的突变，例如，搬迁或某个家人离开家庭。如果这些事情不可避免，应预先通知患者。清楚地向患者解释情况，让有关问题得以解决。尽量令转变来得愈慢愈好。

三、尝试去赞赏、鼓励，避免批评或争论

如果病人对琐碎事情也变得紧张或忧虑，则家人应鼓励他松弛下来。家人要耐心对待他，尝试让他把心情平静下来。无须令家人过分关心或烦恼。

有时病人会变得烦闷和忧伤，如果是这样，这通常是很难处理的。家人要尝试同情他及支持他，不要责怪他，患病不是他的错误。要尝试正面地去鼓励他，帮助他建立自信。这些都是令人疲乏而耗时的工作，所幸忧伤通常都是短暂的。

患者的行为可能很古怪。他们可能从早到晚都在床上，或者要用好几个小时才能把简单的事情办好。他们又似乎不大理会自己或他人。当病人表现得懒惰或不合作时，很容易令自己变得恼怒或不耐烦，但这样对病人并没有帮助。尝试鼓励病人积极一些，但只期望他会有少许的进步。要有耐心，及时鼓励患者循序的些许改变。当他做了一些你不赞成的事，不要批评或责罚患者。鼓励患者继续尝试并赞赏他的努力，这才是有益的。

与一个患精神分裂症的人一起生活确实很不容易。

四、鼓励患者慢慢达到独立及自信

你或许会感到很忧虑；你或许会时常怀疑接下来会发生什么事情，又可以怎样去应对？最佳的做法就是不要用太多时间和患者在一起，不要太啰嗦或太呵护。重要的是鼓励他去独立的生活，对自己有信心。

五、家人给自己一些时间会帮助到每一个人

你或许会变得焦虑或情绪低落。要尝试放松自己，主动跟别人倾谈你的感受，这些对自己是有帮助的。要继续保持自己的兴趣及嗜好。你需要有自己的时间，把你的担心放开。过分的忧虑和关心会使事情更坏。

如果有危机发生，不要内疚或自责，你是不能预知所有事情的。尝试用冷静的态度去处理发生的事。不要有过大的反应，要放松。有时事情是没有绝对的答案的，但可从经验中学习。

六、解决家庭中的问题

精神分裂症患者在家中会引起家人的紧张，也会增加其他问题的严重性。有时，让全家人一起倾谈会有帮助。把问题说得清楚，让每一个人发表他个人的意见及感受。聆听别人，却不要批评或争论。尝试去寻找问题不同的解决办法。一致通过最佳的意见及执行方法。这是处理问题的正确方法，也要避免花费时间进行负面的争论。

把事情说出来一起去寻找解决办法，记住家庭不会造成精神分裂症。

精神分裂症早期识别

对精神分裂症患者可通过下述症状进行早期识别。

(1) 懒散：不讲个人卫生，对工作不认真，不遵守劳动纪律。学生迟到、早退，不完成作业，学习成绩下降，受到批评也觉得无所谓，仍然我行我素。

(2) 淡漠：对人冷淡，回避与人交往，寡言少语，常独自呆坐，或无目的地漫游，对他人的关心无动于衷。

(3) 自语、自笑：经常听到患者喃喃自语，不知所云；或者独自发笑，令人不解。

(4) 猜疑：无端地怀疑别人对自己有恶意；情绪易变，好无故发脾气或紧张恐惧。

(5) 莫名其妙地感到身体不舒服，总强调自己失眠、头痛、易疲劳，以此为理由长期回避社交和工作，对这种状况心安理得，既不觉得这样有何不妥，也不积极地诊治身体的不舒服。请注意，这是躯体疾病与精神疾病的重要区别之一。

(6) 窥镜症状：长时间呆坐在镜子前面，端详自己的面容。这可能是一种叫做感觉统合障碍的症状造成病人看到自己的脸变形了，或者感觉不真实了，所以才长时间照镜子。

发现以上症状，请尽早找心理医生咨询。

2. 穿梭于天堂与地狱之间
——解读躁狂抑郁症

☞案例

他是一位25岁的男青年，生得英俊帅气，人也挺有才气，心气当然很高，常常憧憬着做出一番轰轰烈烈的事业来。

两年前他大学毕业后，一时未能找到工作。为此他非常焦急，每天惦记着这事，人也变得让家人摸不着头脑。他变得爱和别人聊天，海阔天空不着边际地一聊就没完没了。自从他找不到工作后就睡得很少，每天三更睡五更起的，却还是一副精力旺盛不知疲倦的样子；好激动，容易上火，常常因一点小事和别人吵起来；最让人难以忍受的是，他变得无端地而且是异常地自负，常在别人面前自夸自赞，总说自己才高八斗，相貌出众，有多少多少女孩子追求自己，又有无数的财富可供挥霍，整天兴高采烈喜气洋洋。在他眼里，天空格外的明朗，生活是如此的绚丽多彩，就好像他生活在天堂一样。

不幸的是，天堂一样的好光景并不长久。一个月后，他好像突然从天堂掉进了地狱，变得整日情绪低落，闷闷不乐。他开始对一切事物感到悲观绝望，变得不爱说话，甚至懒得动，常常窝在床上一整天，家人和朋友怎么劝说都不愿外出；和一个月前阳光永远灿烂相反，他觉得世界全是一片灰暗，冷风凄切，鸟号哀鸣，四面楚歌，好像掉进了十八层地狱一般……

就这样，年轻的他两年间多次穿梭于天堂与地狱之间，时而阳光灿烂雄心勃勃，时而阴沉孤僻灰心丧气，体验过神仙般的快乐，也经受过孤魂野鬼一样的无助和恐惧，尝尽了人间的酸甜苦辣……

☞**解析**

这是一例典型的双相情感障碍的精神疾病，也叫躁狂抑郁症。何谓躁狂抑郁症呢？简单来说，是情绪调节出现问题。而且病程中会有躁期及郁期两种症状的表现。其特点是情绪高涨（躁狂）和情绪低落（抑郁）反复交替发作。躁狂发作通常突然起病，一般持续 2 周到 5 个月；抑郁发作持续时间更长，平均约 6 个月。多数患者在发作间隙期行为基本正常。

躁狂抑郁症通常起病于青春期或成年早期，也有儿童或 50 多岁时发病的。男女躁狂抑郁症患者的表现有所不同，男性患者首次发病多为躁狂发作，女性患者首次发作多为抑郁发作。躁狂抑郁症并不是一种太罕见的病，患病几率约为 4‰。

躁狂、抑郁这两个时期可能交替出现，也可能只单独出现一种，当只出现抑郁的时候，称之为重度抑郁发作。单纯躁狂发作的时候，则称之为双相情感障碍，又称躁郁症。一般而言，躁狂有两种强度，一种是一般的躁狂发作，一种是轻度的轻躁狂发作。当患者只有轻躁狂而无躁狂发作时，称之为第二型躁郁症，当患者有过一次或一次以上的躁狂发作时，称之为第一型的躁郁症。

躁狂发作，我在天堂之上

躁狂发作时患者联想力丰富，交谈增加，说话机巧快速，笑话连篇，似有无边智能，创意一浪紧接一浪；自我感觉良好，自我评价过高，行动活跃敏锐，有用之不竭的精力，计划多多，自觉无所不能；自信爆棚，比明星更有型、比富豪更有钱、比智者更聪明；又疏财仗义，狂购物，馈赠毫不手软。易兴奋，常常心情愉快，精力旺盛，性欲亢进，休息和睡眠的需要减少，注意力易分散，焦躁不安，易激越，过分涉足舒适活动或易产生刺激性、攻击性和破坏性的行为，从而导致痛苦的结果。总之，躁狂发作时患者会呈现出典型的“三高症状”：情绪高涨、思维活跃、活动增加。

抑郁时，我掉入十八层地狱

抑郁发作时则反之，患者兴趣减退甚至丧失，常生无望无助感，自我评价低，感到生活没有意义，生不如死，常有自杀倾向；活力丧失，行动缓慢，甚至终日呆坐不语；睡眠和觉醒的节律紊乱，早醒，醒后再难入睡。早上心情为一天的最低点，抑郁症状加重，下午或傍晚逐渐好转，这种现象称之为“晨重夜轻”。食欲下降，面容憔悴，体重下降，性欲减退；还常常伴有焦虑、强迫、疑病等症状，注意力不集中，记忆力减退，常有疲乏感等。抑郁发作时常常伴有生理症状，如胸闷气短、口干发苦、上腹胀感、便秘、自主神经功能紊乱、头痛、头晕、心悸、出汗等。总之，抑郁发作时有典型的“三低”症状：情绪低落、思维迟钝、行为减少。严重的抑郁患者还伴有某些精神性症状，如幻觉、妄想，极易造成人身危害。

轻躁狂，我的最爱

通常轻躁狂时，病情并不会影响患者的社会功能，也不会影响其工作能力，相反，患者的工作表现、心情、能力都会增加。很多身处轻躁狂期间的患者，都受别人所羡慕。因为疾病的影响，患者的能力增加，有些时候，患者反而会因为自己不正常的高亢情绪，而做出常人难以做到的行为，诸如：不知累、不吃喝、不知睡。这种“特异功能”往往会让患者有惊人的表现，获得较高的社会经济地位。

也许有人会问：既然轻躁狂发作，可以让患者表现得更好，那为什么又称之为疾病呢？确实如此，倘若只有轻躁狂，那根本不需要诊断，在诊断标准里，也没有相关的条款。但问题是：第二型躁郁症的患者，不只有轻躁狂发作，他还会有重度抑郁发作。一旦重度抑郁发作来临的时候，患者先前安排的活动，都在一夕之间无法实行，这就造成困扰，不只自己困扰，对于别人也是一种困扰。

轻躁狂时患者会说：“我觉得很愉快，一切都棒极了。我的头脑清晰，思考迅速，所有的害羞都不见了。我觉得轻松自在，充满了自信，以往无趣的人和事物也都变得有趣了起来……”而躁狂发作时患者会说：“我的思绪越来越快，快到我无法掌控。有趣的事开始荒唐走样，朋友们开始害怕我……

我极容易生气，但是又很害怕，我无法控制自己……”尽管都表现为情绪的高涨，但是比较得知这两者在程度上还是有很大的不同。

然而，不少患者却十分喜欢“轻躁狂”时的欢乐感觉，希望医生能通过治疗，让自己，长期保留这一阶段。但要永远恰到好处，实在是虚妄。高低情绪之间的处理，本就是生活学问。不要在低落中懊丧，也莫在高涨处迷失。欢乐的虚妄，与抑郁相同。

躁狂发作的自我诊断

躁狂发作是以情绪高涨或易激惹为主要特征，且症状持续至少一周，在心境高涨期，至少有下述症状表现中的三项：

(1) 言语比平时显著增多；

(2) 联想加快，或思维飘忽，或自感语言跟不上思维活动的速度；

(3) 注意力不能集中，或者随境转移；

(4) 自我评价过高，甚至达妄想程度；

(5) 自我感觉良好，如感觉头脑特别灵活或身体特别健康，或精力特别充沛；

(6) 睡眠的需要减少，且不感疲乏；

(7) 活动增多，或精神运动性兴奋；

(8) 行为轻率或追求享乐，不顾后果，或具有冒险性；

(9) 性欲明显亢进。

躁郁症，可以治疗的

躁郁症是一种慢性疾病，症状会反复发生，但是通常都能自己缓解，缓解之后又会再度出现，只有少部分人会仅发作一次而不再复发。为了避免疾病发作时的伤害性，长期服药是一种可以考虑的方式。试想，倘若为了一个稳定的人生，所付出的代价只是每天吃几颗药，这应该是值得的。

由于病因不清楚，此病目前尚无法根治，但可用药物治疗，减轻症状或减少发作次数。患者及家属若能及早接受适当的治疗，有规律地服药，不因病情稳定而自行停止治疗，可使病人能维持正常稳定的生活与工作。

药物治疗上，可以使用的药物包括：锂盐、抗癫痫药物、抗精神病药物。一般而言，锂盐是治疗躁郁症的主要用药，但是锂盐的效果通常得三周以上才会出现。而躁症患者往往不认为自己有问题，所以也不愿意服药，要跟患者耗上三周，是一件大工程。所以在急性发作期，通常会加上抗精神病药物，这类药物的作用速度较快，能产生抗躁狂的效果。但是长期服用，则有出现迟发性运动障碍的危险。部分患者对于锂盐的反应不佳，此时，可以使用抗癫痫药物来治疗。这些药物虽然是用在癫痫症的治疗上，但是也可以用于抗躁狂的治疗上。无论是锂盐或是抗癫痫药物，都有过量中毒的危险，所以需要定期抽血、监测血液中药物浓度。

躁狂发作时家人如何帮助患者

病人情绪过分高涨时有什么征兆？

当你察觉到病人突然显得过分兴奋，精力充沛，好争论，易与人发生冲突，过分慷慨、热心，这就是情绪高涨的开始。

如何“帮助”他呢？

此时病人会变得敏感，容易受周围环境的影响，斤斤计较，爱批评别人，易怒，固执，甚至会出现不合理的要求及行为。我们必须明白这些是症状，对于合理的要求，可以同意；对于不合理的要求要用接受的态度，诚恳地倾听，但不要立即给予答复，来暂缓他不合理的要求。假如他激动得无法接受劝解时，可以用肯定、坚决但不责备的态度告诉他：我们很关心你，但这是不可以的。如此可达到限制病人行为的目的，也使病人感受到安全与信任。

家人应该注意些什么？

由于病人活动量过大，注意力不集中，容易疏忽本身的安全、起居，所以家人必须要注意以下几点：

（1）布置一个简单、安全的环境。将剪刀、烟灰缸收起来，防止病人作为攻击他人的武器。

（2）协助注意病人营养的摄取。因为病人耗费大量体力，须少量多餐以补充所需的营养。

（3）注意个人卫生的处理。因病人注意力不集中，容易忽略漱洗、沐浴及衣服的更换，家人须定期提醒。

抑郁发作时家人如何帮助他

病人情绪过分低落时，有什么征兆？

病人如出现对周围事物漠不关心，整天不说一句话，不做任何事，活动减少，行动缓慢，食欲不振，易惊醒或早醒时，就该注意了。

家人应该注意些什么？

（1）用简单、直接、重复的语句来接近病人，以了解、尊重的态度来鼓励他。

（2）注意病人营养的摄取。少量多餐，在旁陪伴。准备的食物，要以易咀嚼消化且高热量、高蛋白质的食品为主。由于病人大多不会主动要求进食，家人不要因病人拒绝，就把食物取走。

（3）病人个人卫生的处理。协助漱洗、沐浴及衣服更换。

（4）给予按摩，促进血液循环。协助病人按摩四肢，做被动运动。

（5）注意周围的环境。减少嘈杂声音，以避免噪音刺激病人，但仍可安排病人活动，并鼓励他与人接触。

（6）为预防病人因抑郁而自杀，家人须避免让病人自己保管药物或单独居住，多留意病人情绪与言行举止，并应遵从医师指示，按时给药，必要时让病人接受住院治疗。

3. 他们心中没有蓝天
——抑郁症与自杀

☞案例

“我从小都是在别人的比较之下生活，自信心和勇气消失殆尽……” “现实中的一切令人失望，我好累好累……”2005年11月27日早上，刚参加工作3个月的女大学生胡某，被发现死在江油市武都镇某水电施工局的单位宿舍里。而胡某留下的一本日记，详细记录了胡某一步步走进困惑的心路历程。

“我从小都是在别人的比较之下生活，在家里父母把我与姐姐相比，我什么都不如姐姐。在学校把我和曹姐相比，我不如她。好像我从小就不如别人。”胡某在日记中倾诉着自己的烦恼。据介绍，胡某出生于重庆市巴南区东泉镇一个普通的农家，姐姐大她两岁。在父母眼中，胡某各方面都不如姐姐，经常得到表扬的也是姐姐。2002年胡某考上了成都某工程学院大专班。2004年，胡某的同班同学小吴喜欢上了她，两人开始了恋爱。“只有在小吴面前，我才能找到自信。”

“我是一个幻想很严重的人，把一切都想得那样美好，但是现实中的一切却令人失望。或许，一切都是命中注定……” 同年7月，胡某被江油市武都镇某水电施工局录用。7月底，胡某来到了武都镇单位上班，而小吴却到了贵州某单位。

胡某在日记中写道，她担心因为工作不在一起的原因，自己和小吴的感情会受到影响。“作为二十几岁的女孩，没有爱的人在身边，那是多么悲凉的事情！”特别是看到单位上已婚夫妇两地分居的生活情景时，让胡某感到十分郁闷。8月25日，胡某在日记中倾诉着自己的苦闷：“今天是我工作的一个月零两天，签订的合同是5年即1825天，现在才过了33天……”“难道女孩子不应该有自己的一份天地吗？那天车队的人到寝室来吓我，天下真的就那么恐怖吗？我好累好累……”胡某在日记中记载了9月初的一个晚上被单位车队的几个男同事“恐吓”的事情。胡某写道“我正在打电话，突然间有人用安全帽扣在我头上，把我往床上推。把我吓惨了！”从那天开始，胡某感觉自己的身体不正常了：四肢无力，晚上失眠，做什么事情都觉得好累。胡某感到世界一片黑暗，自己失去了继续生活的信心。

“我这个样子，有谁可以帮我？爸爸，妈妈，姐姐，你们救救我吧！我到底该怎样才能走出阴影？我多么希望有人能倾听我内心的感受啊！”10月22日，胡某在日记中悲痛欲绝。10月22日，她上网查询了自己失眠的原因是“抑郁症”。随后，她每天都失眠，思想不受控制，轻生的念头时不时出现在脑海里。她最大的愿望就是好好地睡一觉，因为“好久没有享受过梦中甜蜜的感觉了”。

☞解析

这是2005年12月5日华西都市报报道的一例抑郁症导致

自杀的真实案例。我们从胡某的日记中可以发现胡某有持久的自卑、情绪低落、悲观失望和对生活的无意义感，并伴有轻生念头，以及无力疲乏等。正如胡某在日记中写道“世界一片黑暗，自己失去了继续生活的信心。”“轻生的念头时不时出现在脑海里。”虽然胡某渴求他人的帮助，如“你们救救我吧！我到底该怎样才能走出阴影？我多么希望有人能倾听我内心的感受啊！”但胡某不知道如何寻求帮助，如“我这个样子，有谁可以帮我”。尽管她知道自己患了抑郁症，但她并不知道抑郁症是可以治疗的疾病，其结果一场人间悲剧就降临了。逝者已已，生者何其痛！记得一位哲人说过这样一句话：“死不是死者的不幸，而是生者的不幸。”

抑郁症，人间的地狱

在我们的生活中，充满了大大小小的挫折和失败，比如，我们最梦寐以求的东西，它再也不存在了，我们最心爱的人，再也不能回到我们身边。每当这些时刻来临的时候，我们都会体验到悲伤、痛苦甚至绝望。通常，由这些明确现实事件引起的抑郁和悲伤，是正常的、短暂的，有的甚至有利于个体的成长。

但是，有些人的抑郁症状并没有十分明确、合理的外部诱因；另外一些人，虽然在他们的生活中发生了一些负性生活事件，但是，他们的抑郁症状会持续很久，远远超过了一般人对这些事件的情绪反应，而且抑郁症状日趋恶化，严重地影响了工作、生活和学习。如果是这样，那么很可能，他们患了抑郁症。

什么是抑郁症呢？抑郁症的核心症状是“自卑、自责”；动作迟缓，什么事也不愿做，毫无主动性，说话声音低沉、缓慢，一点力量也没有，这是抑郁症患者的动态特征。回避人，怕事，不愿意参加社会活动，这是抑郁症患者的共同心态。抑郁症患者不愿上街，不愿意到公共场合，尤其是怕见熟人。美国著名精神病理学家弗利德里希·弗拉赫博士在他的《神秘的潜力——论抑郁》一书中指出：“伴随抑郁症而来的是疲惫不堪，精力不支，避人怕事。”食、色，性也，性欲是人与生俱来的一种本能，而抑郁症患者性冲动与性功能明显降低，这也是所有抑郁症患者的性功能特征。抑郁症最大的危险是“自杀”。

抑郁症患者写的一首诗代表了抑郁症患者的典型症状：“我是一只虫子而不是一个人，我斥责和厌恶人们，我像水一样倾泻出来，所有的骨骼都失去了关节，我的心像蜡一样融化在我的肠子之间，我的力量干枯了……我被带入了死亡的尘埃之中……”

人间地狱在哪里？就在抑郁症患者的心里。

抑郁症，自杀的罪魁祸首

抑郁症患者在失去一切生活欲望和享受生活快乐的情况下，而且内心又明明知道人伦之理而不去为之时，他怎能不日日煎熬呢？又怎能不想方设法逃避这痛苦的人生呢？

莎士比亚在他的悲剧《哈姆雷特》中，借哈姆雷特之口，说出一句传诵至今的名言：“生还是死，这是个问题。”然而，在抑郁症患者看来，无论是“生”，还是“死”，都是个难题。

通俗点说就是既“活”不起，也“死”不起。死不起，又活不起，这是人生最大的痛苦和压力。

抑郁症患者面对生死难题，并不是客观上出于无奈，非死不可，而是在主观上，在想象中把自己逼到一种“无奈的境地”。自己迫害自己，这更是悲剧。

斯·格罗夫在《死亡探秘》一书中指出：“生命中最确定的事情是，我们都会死亡；最不确定的事情是，死亡将于何时降临。”正常人偶尔也会想到死，但不是经常想，时时想，而严重的抑郁症患者，可以说时时在想“死”的问题。认为这是解脱痛苦的唯一出路。

所有抑郁症病人都有自杀的危险，自杀企图和行为是抑郁症病人最严重而危险的症状。尤其是严重抑郁的病人在突然缓解或处于缓解阶段时，也常常是最容易出问题的时期。此外，在抑郁症患病初期，在治疗不充分时，在病情复发加剧时，这几个阶段皆易引起自杀。

据世界卫生组织统计，全球抑郁症的发病率约为11%。目前抑郁症已经成为世界第四大疾病，预计到2020年可能成为仅次于心脏病的人类第二大疾患。据调查，在我国，抑郁症发病率为3%～5%，目前我国已经有超过2600万人患有抑郁症。在这些抑郁症患者中，有10%～15%的人最终有可能死于自杀。

抑郁症，是如何形成的

引起抑郁症的原因是多种多样的。除了那些天生易患抑郁症的人外，抑郁可能是由心理压力、忧虑和失落感所引起的。

对抑郁症的看法，精神病专家认为是生活步调太快所致，与生活日趋复杂有关。社会学家认为，人们在无法达到愿望，如成功的经历、较好的人际关系或优越的生活条件时，就认为自己是失败者，因而产生沮丧。伤心是引发抑郁症的导火索。

人们在心理刺激的作用下，首先产生多种形式的情绪反应。如焦虑、愤怒和悲伤等。这些都属于个体的“保护性反应”，可伴随相应的植物神经系统功能的变化，如血压升高、呼吸加快、以及其他症状等得以缓解。但如果情绪反应过强，或者持续时间过长，便会导致持久和严重的植物神经系统功能的改变，使躯体的内分泌系统和免疫系统发生紊乱，进而使相应的脏器产生器质性变化。应该承认，在这个紧张且机遇与竞争并存的社会里，谁都有可能抑郁。如升学考试失利，受到望子成龙的父母的训斥。此外，遗传、个性、生理疾病、药物副作用等，也是抑郁症的诱发因素。

抑郁症也可能是由于体内稳定心境的物质(如5-羟色胺、去甲肾上腺素等)失去平衡所致。人的脑组织中存在着控制感觉的物质,这些物质负责人们的心境平衡。科学家们在探究这些物质如何控制人的心境和行为研究方面取得了重要进展。当某些物质的水平太低时,心境变得抑郁。虽然科学家们还不清楚引起这些物质减少的原因,但已经清楚在一些特定的情况和刺激下能增加一些人罹患抑郁症的可能性。所爱的人去世,失去工作、财务危机、得了严重的疾病等刺激都可能引起抑郁。

抑郁症在一些家庭中世代相传。与其他一些疾病一样，抑郁症是一种有遗传倾向的疾病。如果你家庭中的一些人特别是直系亲属（父母、祖父母、兄弟、姐妹）中有人罹患抑郁症，你发生抑郁症的危险就会增加。

根据心理医生观察，有三种个性的人容易患抑郁症：

依赖型。这种人认为周围的人多多少少负有照顾他的责任，特别是父母、老师和同学等。乖乖型。这种人瞧不起那些不懂规矩，不遵守纪律，只有个人意志的人。这种人平时花很多时间和精力来与其他人保持一致，看多数人的脸色行事，因此活得很累。这种人听话，认真做事，不造反，温和柔顺，谨慎，不惊动任何人，他们任何时候都生活在巨大的压力之中。完美型。这种人小时候往往获得父母过多的照顾和爱护。不过，他们并没有因此养成骄傲跋扈的个性，而是处处以父母为榜样，模仿父母的言行，进而力求事事尽善尽美。这种性格的人，过分控制自己的感情，除了学习，其他方面的生活都失去生命力，无法与人交往，遇到挫折，所有的委屈自己承担，心情一般都不开朗。

早期发现抑郁症

专家认为，及时发现亲人患了抑郁症十分重要，因为可以使患者能够尽早得到治疗，并得到家人的关注，避免自杀情况突然发生。下面是预警抑郁症的19个信号，假若有一条特别严重，或数条同时出现，很可能是抑郁症发作的征兆，一定要提高警惕。

（1）生活缺乏愉悦感，人逢喜事而精神不爽。经常为了一些小事，甚至无端地感到苦闷、愁眉不展。

（2）对以往的爱好，甚至是嗜好，以及日常活动都失去兴趣，整天无精打采。

（3）生活变得懒散，不修边幅，随遇而安，不思进取。

（4）长期失眠，尤其以早醒为特征，持续数周甚至数月。

(5) 思维反应变得迟钝。

(6) 总是感到自卑，经常自责，对过去总是悔恨，对未来失去自信。

(7) 多疑，总是怀疑自己有大病，虽然不断进行各种检查，但仍难释其疑。

(8) 记忆力下降，常丢三落四。

(9) 脾气变坏，急躁易怒，注意力难以集中。

(10) 经常莫明其妙地感到心慌，惴惴不安。

(11) 经常厌食、恶心、腹胀或腹泻，或出现胃痛等症状，但是检查时又无明显的器质性改变。

(12) 有的病人无明显原因的食欲不振，体重下降。

(13) 经常感到疲劳，精力不足，做事力不从心。

(14) 精神淡漠，对周围一切都难以发生兴趣，也不愿意说话，更不想做事。

(15) 自感头痛、腰痛、身痛，而又查不出器质性的病因。

(16) 社交活动明显减少，不愿与亲友来往，甚至闭门索居。

(17) 对性生活失去兴趣。

(18) 常常不由自主地感到空虚，自己觉得没有生存的价值和意义。

(19) 常想到与死亡有关的话题。

抑郁症的药物治疗

抑郁症是可以治疗的疾病。早期识别、早期诊断和早期治疗在抑郁症的治疗中尤为重要。但抑郁症也是一个易复发的疾病，因此要强调足疗程和足量（药物）治疗。很多人认为，抑郁症属于心病，而排斥药物治疗。事实上，抑郁症的治疗，必须树立正确的用药意识。提高认知、早期诊断、选择药物治疗是降低抑郁症社会经济负担的有效手段。

如何同抑郁症患者一起生活

抑郁的痛苦不仅仅限于患者本人，还会连累患者的家人和朋友。患抑郁症的人经常令身边的人感到沮丧，或疏远他们。这时候我们不要跟他们计较，要理解他们，告诉自己：他们生病了，他们控制不了自己。当然，这说起来容易，做起来难。当你发现自己的亲戚或朋友从来不回你的电话，在行动上完全以自己为中心，对你和你所做的事情一点都不感兴趣，或根本不遵守诺言时，你可能会发火，这时你要尽量控制自己，不断提醒自己：他（她）生病了，不能对自己的行为负责。

抑郁的人常会让周围的人感到内疚，以为自己做错了什么事。孩子可能会因父母的抑郁而责怪自己，这使得孩子们也容易被抑郁困扰。同时，抑郁症患者的父母也不用责怪自己，这不是你们的错，抑郁症患者应该得到专业的治疗，而不是靠你们改正自己的“错误”就会解决问题。

另一方面，社会的关心和支持有助于患者的康复。所以，如果你的家人或朋友抑郁了，你要比以前更加关心他们，给他们打慰问电话，邀请他们去看电影，听音乐会，看球赛，或参加其他活动。但是，你不要对结果抱太大的希望，最好让自己的希望趋近于零，因为他们很可能对你的关心一点都不在乎。

对于抑郁症患者的家人和朋友，我们还要给一个警告：你自己千万不要因此而陷入抑郁。你应该从事自己正常的活动，做自己感兴趣的事，追求自己的快乐。千万不要认为：我在这时候还笑得起来，简直是罪过。

那么，我们应该怎么做才能帮助抑郁症患者度过难关呢？下面是我们能做的，也是应该做的事情：

（1）催促抑郁症患者去看医生，这是他们真正需要的。如果可能的话，帮他们约好医生，并督促他们去看病。

（2）学习更多的关于抑郁症的知识，以便让他们得到更多更好的帮助。

你正在考虑自杀吗

在抑郁的时候，你可能产生自杀的念头，这是很普遍的，这并不是说你“发疯”了，但你确实应该认真对待这种想法。你应该把这种想法告诉朋友或医生。不要害怕把这种想法告诉别人。许多人都不愿意说出这些想法，因为怕别人指责，不理解，或者怕讲出去之后会促使它付诸实施。事实上，把自杀的念头讲出来往往会给自己减轻一些压力。

如果你有下面的这些想法，是比较危险的：

（1）我的生活是痛苦的。

（2）我正陷入深深的感情痛苦。

（3）我的未来看起来一片凄凉。

（4）我已经没有希望。

（5）我的生活似乎不值得再过下去。

但是，这些感觉以及其他让你感到绝望并且无助的感觉是能改变的。很多人也像你一样感到抑郁，但是他们得到了专业的帮助并且恢复。你也能。这可能听起来很荒谬。但它并不荒谬。你需要帮助，并且你现在能得到帮助。在这种情况下，如果你所在的城市有防自杀机构，请马上跟他们联系。你也可以找当地的心理医生，并把这种想法告诉亲人和朋友，他们会帮助你走出困境。

如果你感到想要把自杀想法付诸实施，或者你正在做此打算，就应该马上寻求帮助。你应该保证自己，任何时候只要真正感觉到想要自杀，就立即将这种感觉告诉他人。如果这种想法还比较模糊，主要是感到这个时候生活和生活中的问题对你实在是负担太重，你就应该想办法澄清你的想法。

下面三个问题可以帮助你澄清想法：

（1）怎样才能防止我将这类打算付诸实施？

（2）如果抑郁情绪好转，我希望我能做些什么事情？

（3）究竟是什么问题严重到如此地步，使我找不到出路？

你会发现将这些问题与他人讨论对你是有好处的。在整个情绪低落期间，你都要坚持将你的感觉告诉朋友，你的抑郁情绪最终一定会好转。

自杀是抑郁症最严重的后果，这世界没有什么比生命更令人珍惜的。抑郁症患者由于戴着“抑郁的眼镜”看问题，可能会做出杀死自己这种可怕的事来。所以及时发现自己或他人的自杀倾向并寻求帮助，变得非常重要。

你知道某人想自杀吗？

自杀是抑郁最悲惨的后果。在抑郁症患者自杀之后，家庭和朋友经常说，“我们知道他（她）的情绪很低落，但是我们从来没想到他（她）会这么做”。

你不一定要是一位医生或心理学家才能识别出自杀的迹象。如果你知道的任何一个人开始有下列任何言语或有下列任何行为，马上寻求帮助，别迟疑。

言语：

- “生活已经不值得再过下去。”
- “我已经没有未来。”
- “如果我不在了，也许事情将会好一些。”
- “有时我希望一睡不复醒。”
- “你认为有谁会来参加我的葬礼？”
- “我正在考虑杀死我自己。”

行为：

- 不正常的冷漠，疲乏，绝望，避世，或食欲不好。
- 在与人说再见时表现得像永别一样。
- 放弃自己有价值的财产。
- 任何重大的自我伤害。
- 突然服药过量。

抑郁症患者可以为自己做什么？

抑郁症患者在全世界范围内明显增多。他们自感十分痛苦，甚至消极厌世。因此针对抑郁症患者实际情况，提出以下几条自疗措施。

（1）千万不要给自己制订一些很难达到的目标，正确认识自己的现状，正视自己的病情，不要再担任一大堆职务，不要对很多事情大包大揽。

（2）可以将一件大的繁杂的工作分成若干小部分，根据事情轻重缓急，做些力所能及的事，切莫“逞能”，以免完不成工作而心灰意冷。

（3）尝试多与人们接触和交往，不要自己独来独往。

（4）尽量多参加一些活动，尝试做一些轻微的体育锻炼，看看电影、电视或听听音乐等。可以参加不同形式和内容的社会活动，如讲演、参观、访问等，但不要太多。

（5）不要急躁，对自己的病不要着急，治病需要时间。

（6）在没有同对自己的实际情况十分了解的人商量之前，不要做出重大的决定，如调换工作、结婚或离婚等。

（7）不妨把自己的感受写出来，然后分析、认识它，哪些是消极的，属于抑郁症的表现，然后想办法摆脱它。

另外，如果你患上抑郁症，也可以试试下面的自我调整法。

（1）宣泄法：把自己的感情出口放宽，莫使心胸像个瓶颈，对待现实中出现的不公平的、有意见的，甚至令人气愤的事情，采取说出来以消怨气或是把怨气转移到某种物品上，对其摔打、发泄一番的方式，这是一种释放、转移的办法，在国外常用，效果很好。

（2）运动法：经常做些简易气功、健身操或打球、跳舞来活动筋骨、舒展身心。每晚临睡前用热水泡脚，再搓搓脚底。平日刻意鼓励自己要保持愉快的心情，不要胡思乱想。多与人交往，多参加有意义的社会活动。要牢记运动是我们所拥有的最好的天然抗抑郁剂。

（3）胸襟开阔：人们在日常工作生活中，应该豁达、宽容。这样才能容山纳川，处乱不惊。博大的胸襟有如“强心剂”，能极大地提高心理的负载力与免疫力。

（4）欲望适度：“当淡泊处且淡泊。”研究指出，当人的欲望呈算术级数增长时，其内心的烦恼痛苦则呈几何级数增长。可见过度的欲望与贪求不仅无益于人生存价值和意义的充实，更无益于心理的健康。健康而富有生机的心理不全建立在简单而亢进的欲望之上，用心去品味人生中平凡的充实，于功名、财富的追求中存几分“古今多少事，都付笑谈中”的淡泊，使生命的质地健康而澄澈，积极而磊落。

（5）关怀法：得了抑郁症不必慌张，首先应找出致病原因，向亲人朋友倾吐内心苦闷，放下包袱消除紧张心理，学会减压。治疗抑郁症应以心理治疗为主，人们应该用亲切和同情的态度鼓励病人倒出内心的郁闷，给予指导和帮助，使患者能适应环境、取得社会支持。如果病情较重，一定要找心理医生诊断，进行治疗。

抑郁自测

这个快速简单的自我测试将会帮助你分清抑郁症和正常的情绪低落。对我们来说，心情不好是常有的事。很多人都会经历失业、离婚、失去心爱的人或其他各种痛苦。这些都是生活的正常组成部分。但是，如果你一直不能从这些痛苦中走出来，就很可能得了当今世界第一大心理疾病——抑郁症，或称为重度抑郁症。

如果你对下列问题中两个以上问题的答案是肯定的，那么你很可能抑郁了，必须马上找心理医生 。

（1）在大部分时间里，你是否觉得

- 难过
- 疲倦
- 悲观
- 绝望
- 无价值
- 无助

（2）在大部分时间里，你是否

- 遇事难以做出决定
- 注意力无法集中
- 记忆力不好

（3）最近，你是否

- 对自己以前喜欢的事情失去兴趣
- 感到工作或学习有困难
- 与亲人和朋友相处出现困难
- 将自己与别人隔绝或试图这么做

（4）最近，你是否

- 感到精力不足
- 感到不安和易怒
- 难以入睡，早醒或感到早晨起床很困难
- 食欲不好或体重增加
- 持续头痛、胃痛、背痛、肌肉或关节疼痛

（5）最近，你是否

- 比以前喝更多的酒
- 比以前吃更多改变情绪的药
- 出现危险行为：驾车不系安全带或过马路不认真看

(6) 最近，你是否考虑

- 死亡
- 伤害自己
- 自己的葬礼
- 杀死自己

三、她们对食物既恨又爱

——进食障碍浅议

1. 美味佳肴是她们的“敌人”

——神经性厌食症

☞案例

“你已经患了厌食症，希望你能接受这个现实……”好一个晴天霹雳的消息，我顿时呆若木鸡，医生说的话一句也听不进去……

从来没有想过自己会变成厌食症患者，当初节食的动机也只为了一个字：“美！”。看见自己肥胖的身形，实在是有碍观瞻。什么迷你裙、紧身衣，也只有一个“看”字罢了！我好不甘心，我要减肥，我要有一天能穿上它们！强烈的斗志在心里燃烧着，意志也异常坚定！试想如果当初把这种决心放在学习上，相信收益也不少！噩梦也随之开始了。每天，我只进食少量食物，日子一天一天过去，我的体重也真的下降了。我欢喜若狂，更加疯狂地进行我的节食大计。进餐越来越少，三餐变成两餐，两餐变成一餐，最后连一餐也索性不吃。就在此时，我感觉到身体发生变化了。我再也吃不下任何东西，食物一点也提不起我的兴趣，就算勉强吃下也会呕吐。在没有能量营养供应的情况下，身体的机能逐渐下降。我经常感到头痛晕眩，手脚冰冷，四肢更会软弱无力，身子单薄得弱不禁风。直到有一天，我晕倒了……

“食物”曾经是我最不愿意看见、听见的名词。每当我想起食物，便想起“脂肪”，这是绝大部分女孩子都讨厌的东西，更何况我是一个爱美的人。

照着镜子左看看、右看看，腰部好像略粗，整个人看来胖胖的，于是我下定决心，全力以赴，实行“减肥”！每一天，我只吃少量食物，一天又一天后，我渐渐失去了对食物的兴趣，甚至任何东西放进口里，便起心理反应，本能地把它们全吐出来。记得那时的我像着了魔似的继续“绝食”下去，身体日渐消瘦。然而每当照镜子时，我看到的却是恍如在“哈哈镜”中那么肥胖的我。日子一天一天地过去，终于，我得到了我应有的结果，身体出乎意料的“纤瘦”，然而我却被人送进医院中抢救。我很感激那几位抢救的医生、护士，把那个“咎由自取”的人从死神手中抢回来。

经过那次亲身体验后，我整个人如释重负。发觉“食物”这名词倒有意义的，它能供给人们足够的热能，维持身体正常的运作。只要在日常生活里吃到适量的食物，多做运动，注意食物的营养、卫生，简简单单的饮食习惯，便能拥有健康的身体。经历过这段漫长的康复之路，令我领悟到：健康的人是最美丽的，没有健康的身体，根本算不上美。

☞解析

神经性厌食症最主要的症状是患者对食物提不起兴趣，没有胃口开怀吃东西。患者的想法和实际情况相差很远，即使已经很瘦了，但还老是觉得自己很胖。根据美国精神病学会的标准诊断，厌食症患者的体重往往低于标准体重指数的15%。

厌食症常发生在10～30岁的女性，平均发病年龄是17岁。有些患者是刚好发生在经历压力事件之后，例如转学，离家去外地求学，或是在身体、情感受创之后等，但大部分仍为隐藏而渐进性发病，其中一半的病人，偶尔会有暴饮暴食的现象；40%的病人，会自己催吐；而有些人会使用泻剂、减肥药或过度运动来想办法降低体重；也有在长期节食减肥，饮食习惯产生异常后，再逐渐发展成厌食症的例子。

厌食症常常合并焦虑、忧郁、强迫性想法、或与完美主义个性一起出现。也有研究指出，这类患者思考较固执、缺乏弹性；会极力想控制周围环境，但又无能为力；或是有长期情感压抑，社交被动的情况持续出现。

厌食症，不再是明星的专利

厌食症这个病名的出现，开始是与明星有关的。如现年届70岁的美国著名影星简·方达（1937年出生）仍然漂亮、迷人。在《简·方达回忆录》中，人们才发现，原来这位大明星也有难言之隐，她自12岁时就患上了厌食症与暴食症，且这种困扰长达25年之久。经典英文歌曲《Yesterday Once More》的主唱卡伦·卡彭特的英年早逝至今让歌迷们扼腕叹息——为了保持身材的苗条，她长期服用轻泻剂和节食，最终患上神经性厌食症，1983年年仅32岁便离开了人世。王菲因失恋，短短两个月瘦了约5公斤，被疑患了厌食症。台湾地区歌手王杰患了厌食症和抑郁症，体重一度差点跌破40公斤，一吃饭就呕吐。显然娱乐圈的明星依然是厌食症的高危人群，其中演员或模特因为时刻要保持形象而更容易产生压力，导致厌食，因此这些行业仍然是厌食症的高危行业。由于种种传媒及选美比赛中对苗条身材的标榜，使以“瘦”为美蔚为风尚，这种厌食症患病群体已经从娱乐圈蔓延到普通市民中间。据2002年的医学调查显示在新加坡人口中，有0.5%～1%的人患有厌食症，其中女性患者超过90%，死亡率高达15%～20%。美国有500万人患有进食障碍，其中有10%因救治无效去世。神经性厌食症近年来已成为许多求美女性挥之不去的梦魇。

厌食，减肥惹的祸

有句老话叫“民以食为天”，不过，自古至今总有一些女性以食为敌，出现这种反常现象是因为她们患了厌食症。而厌食症的出现，多数与风起云涌的减肥运动脱不了干系。“楚王好细腰，宫中多饿死”是两千年前的古老悲歌，而“女人好细腰，城中多饿死”则是今天的城市悲歌。神经性厌食症在20世纪60年代少有出现，它只能出现在温饱后追求美的现在。杨贵妃时代以肥为美的审美观已经过时，人们公认的美女清一色属纤瘦型的，难怪现代女性对“魔鬼身材”疯狂崇拜，整天都忙着如何节食减肥，如何令自己看来更瘦一点，更漂亮一点。骨感美疯狂流行的同时，也带来了极大的悲哀，对年轻人的健康带来巨大的伤害，也对整个社会造成种种负面影响。

为了减肥，她们开始常常避开家里人采取一些使自己体重减轻的措施，如不在公共场所进食；也不愿与家庭其他成员一起吃饭；不吃早餐去上学；特别是不愿吃易于增肥的食物如面包、糖、牛奶等；或者会在餐后借故到厕所里，把刚吃过的东西吐出来；也有的患者使用泻药，让自己减少水分，胃肠蠕动加速；还有的可能增加运动量，让自己消耗更多热量。她们如此努力地减肥，结果就是造成体重过轻，低于标准，但是她们与正常减肥所不同的是对于自己身材的认知出现了歪曲，她们不会觉得自己太瘦了，相反地，还是嫌自己太胖，必须继续“加油”才行。最后结果就是让自己的体重严重低于正常标准。大多数神经性厌食症患者最初只是为了减肥而少吃少喝，这样导致食欲中枢长期处于抑制状态，渐渐变得没有食欲，最后发展成即使再刺激大脑神经也不会兴奋，进而见到食物就恶心，如此恶性循环下，身体便严重营养不良，代谢和内分泌障碍及躯体功能紊乱。女性患者还因此月经失调甚至停经。她们的皮肤变得粗糙干裂，体温下降，心跳缓慢，身体衰弱，脱水，脸色苍白，精神无法集中，甚至感到焦虑或忧郁，心脏功能变差，甚至会晕倒。这样的病人如果不加以诊治，会造成各脏器衰竭而死。

厌食，解决“冲突”的手段

她们的厌食，除了“怕胖”外，还有可能是因为爱恨纠缠。有约1/3的厌食症患者，发病原因是出于对某种压力“反抗”的逆反心理。比如家长对孩子的过度控制，过度保护，使得孩子觉得没自由，或孩子为了表示自己已长大，要求被承认长大，常常向家长的权威发起挑战，而她们唯一可以挑战成功的大概只有在进食这件事上，“你让我多吃，我偏不吃”。有些孩子为了转移家长对他们学习成绩的关注，也采用“厌食”的方法，他们会认为“我身体出了毛病，你们就不会再那么关注我的学习了”。还有的厌食症患者往往把父母的事变成自己的事，不惜牺牲自己来拯救家庭。如一位少女，认为父亲过于大男人主义，她对父亲说，如果我没有患病，你会低声下气地听我的话吗？另有一类厌食症患者，她们不是怕胖，而是害怕外面的世界，稍有挫败，便把怨气发在父母身上。结果与父母纠缠得难分难解，极力斗争，病人与家人同样地苦恼。另外过度地注重外貌、身材，则有可能与“自我认同危机”，或者是“自我认同障碍”有关。在人生的发展过程中，青春期属于“认同期”，患者在追求肯定、被认同的需要的驱使下，除了以整形改变外观，其他还包括以名牌物品装饰自己、刺青、追求新潮、尝试吸烟、使用迷幻药等。当然，用功念书、遵守规定等符合父母、师长、社会期望的行为，也出于相同的原因。厌食症还有可能是一种自我强迫现象。一般情况下，许多家长往往只看到了孩子的“厌食”，而看不到其背后的心理问题。

厌食症，如何早期发现

厌食症病人自己常不自知，所以家人及早发现厌食症患者的异常，并及时带她们看病非常重要。下述几点是厌食症的早期表现。

第一是无任何原因可解释的进行性消瘦，这是较早受到人们注意，较明确的症状之一。此时病人口头上承认身体欠佳，但总是找出种种理由来辩护，如学习太紧张、睡眠少或劳动太累等，尽力回避提及进食的问题。

第二是对食物有特殊的态度或过分的兴趣，喜欢翻阅食品方面的书籍，喜欢与人讨论食品的营养价值。有些人突然一改不愿做家务的习惯，自己下厨房做饭或讨厌别人提及食物；有的人平时对家人态度很好，但只要家人摆好饭桌让他一起吃饭，她就会大发雷霆。有些厌食症孩子的家长说，只要一吃饭，家里就得打架。

第三是进食量锐减，进食时避人。进食明显减少，每天进食量50～100克或不吃主食，不食肉、蛋，以清水煮菜充饥。有一部分病人回避他人在场时进食，常谎称吃过了，看完书再吃等而不与家人共同进餐。另有些病人在被迫拉到餐桌前进餐时，常乘人不备把饭菜倒进口袋里，或把食物放进口中后吐掉。

第四是无其他原因可解释的持续三个月以上的闭经。

第五是惧怕发胖，给自己制定残酷的减肥计划，在别人都认为她体型已很苗条时，她仍称自己很胖，或某个部位胖得不行，要继续减肥。

第六是与消瘦不相适应的精力旺盛，病人已瘦成皮包骨，但仍坚持每日至少几个小时的活动，从不肯卧床休息，只要睁开眼，便片刻不想休息。她们的宗旨是：能走着不站着，能站着不坐着，能坐着不躺着。

厌食症，治疗很困难

对于厌食症，令人担忧的是很多患者并没有意识到自己患上了厌食症，因而延误了就诊，造成病情恶化。很多患者，往往是因为骨瘦如柴、免疫力下降引发感染或是血压、血糖严重偏低时，才来看医生。她们接受诊断以后，才发现这些症状是厌食症造成的。甚至有部分情形极端的患者，对自己的身体和形象有强烈的错觉，明明已经瘦得皮包骨，还一意孤行地坚持“减肥”。因此厌食症治疗的最大障碍，是患者对自己的身体缺乏正确的认识。2006年美国的一项调查表明，因消化、闭经等到医疗机构中看病的厌食症患者中，有50%没有得到恰当的治疗，更不用说根本没求过医的患者了。

厌食症的治疗，重要的是先完成两个必须立即执行的阶段目标。第一是营养重建，第二是恢复正常饮食习惯。一般采用门诊追踪，配合药物治疗，再辅以个人、团体或家庭治疗；若有严重内科合并症出现，也应考虑内科住院及强制灌食治疗，但必须慎重。

在门诊常见厌食症患者多由家人半强迫地带来，病人除了心不甘、情不愿外，更常见抗拒治疗的情况，所以精神科或心理科医师必须在治疗一开始，就与患者订立明确的治疗“契约”，不容他们讨价还价，坚定而温和地让患者接受规则。在让患者渐渐信任医师的过程中，形成良好的“治疗联盟”，并了解种种与厌食症有关的不适当想法、认知扭曲、不当进食或催吐行为及种种可怕的后遗症，与医师真正好好配合，来寻求症状的逐渐缓解。

厌食症患者的预后差异相当大,从最轻的“短期就能康复,不再复发”,到最严重的“死亡”都有。患者能否与医生配合,能否与医生建立良好关系,是厌食症治疗的一个重要环节。

家属应做些什么

家属应认识到厌食症是一种疾病，因此要对病人给予理解和关心。有的亲属把病人的症状当作思想问题，如厌食症的节食行为被认为是爱美，甚至被认为是品行问题进行训斥，这样使患者容易产生逆反情绪，导致病人把症状隐藏起来。有益的做法是家属给病人以理解，认识到这种病与其他疾病一样，需要关心。尤其在父母教育方法不一致的家庭中，既不能让病人加入某一方去反对另一方，也不能利用病人的病情去指责另一方。不能以强迫的方式让病人接受医护、亲人为他订下的体重标准，更不要企图去控制病人的进食行为，而是要帮助病人认识自己目前的状态，以及异常的行为给自己带来的危害和发展下去的严重后果。让病人自己考虑应采用何种方法来摆脱窘境，给病人以思考及选择。家人要与医生保持密切的联系，这是保障疗效的关键。一般就诊后，医生提出的治疗方案都要靠家人和病人的配合才能完成，尤其对进食的限定。保证病人进食是纠正病人营养不良，以及消除惧怕进食过量引起发胖的心理是关键一环。要密切观察服药的剂量及出现的反应等，如有病情波动，不能执行治疗方案时，要及时找医生讨论下一步治疗方案，使治疗顺利进行。

厌食症，如何预防

（1）不让食物成为家中争论的主题。

（2）你的子女当中若有过胖的，不要取笑他们，要鼓励他们吃低脂肪高纤维的食物并多做运动。

（3）告诉你的子女，每一个人都是独特而有价值的。

（4）为人父母者切忌过于专制，应该给子女一些空间犯错、成长，并适当地引导他们。

（5）时常鼓励赞美子女的表现。

(6) 容许子女表达他们的想法，当他们愤怒时，教导他们控制自己的脾气。

(7) 用话语和抚摸来表达对子女的关爱，不要常常让子女觉得颓丧。

(8) 当子女发牢骚时，父母应做一个倾听者，不要打断或妄下结论。

(9) 若父母碰到解决不了的难题，应尽早请教专家。

2. 美味佳肴，她是又爱又恨

——神经性贪食症

☞案例

天使的脸蛋，魔鬼的身材，名利场上风风光光，超级封面模特玛加丽·阿梅迪要什么有什么，唯独没有幸福。在饱受长达数年的炼狱煎熬之后，她向公众说出了自己梦魇一般的经历。

那是 1993 年 7 月，我年仅 20 岁。那天，我从新墨西哥州首府圣菲飞往纽约，去拍广告照片。在机场，我刚吞下了 4 块比萨饼，两袋薯片和两升减肥可乐。飞机刚飞上天，我就去了洗手间，把手指抠进喉咙，让吃下的东西全都吐了出来。我回到座位，头晕目眩，浑身发抖，直冒冷汗。我两眼充血，嗓子火烧火燎，一股血腥味。当时我只有一个想法："也许飞机会坠毁，那就太好了。"那样我就能从这悲惨境地里解脱出来了。

我已经和贪食症搏斗了 7 年之久了。

我半是意大利人半是法国人，所以很爱吃。我不得不想办法吃我想吃的东西同时又避免发胖。15 岁那年我不知从哪学来的在纵情吃喝后把食物呕吐出来，这成了我的解决办法。白天在学校里我什么都不吃，一回到家我就狼吞虎咽吃一大堆杏仁曲奇、通心粉、奶酪、面包、火腿和蜂蜜，然后我就抠喉咙通通吐掉。此后身不由己地大吃大喝，然后再吐，几乎成了我的新游戏。

18岁我到美国开始模特生涯时，贪食症更重了。我每天暴吃狂吐4次，而且开始服用泻药，这使得我的胃总是空空如也。出场的项目越显要，摄影师越有名，我泻药吃得就越多。1992年，有一次试穿一位意大利设计师的时装时，他们当着我的面议论我说："天，她是一头母牛！"我没哭也没发怒，装得若无其事的样子。我怕他们看见我是多么脆弱，所以我只是回到宾馆房间大吃一通然后吐掉。每当我感到压力、不安全、失去控制或被拒绝时，我就这么干。

尽管我过着大多数人只能梦想的生活，如到充满异国情调的国度旅行，混迹于名流之中，出席电影首映式和鸡尾酒会等，但这些都使我无法停止暴食。

暴食暴吐严重地损害了我的身体。我不愿承认这一点，可随着年月推移，后果开始显现出来。我脖子上的腺体总是肿的，喉咙一直疼。我一次次在工作时晕倒却把它归罪为低血糖。因为营养不良和吐掉了全部液体，我一直处于脱水状态，很怕冷。我皮肤发干，头发、指甲易断易折，还有心悸、月经不调等问题。我夜不能寐、心神不宁、夜夜被内疚和沮丧折磨着，因此我总是有黑眼圈和肿眼泡。胃酸渐渐蚀坏了我的牙齿，现在我有11颗牙被镶补过，有7颗连根都坏了。

我在毁着自己，却仍在镜头前微笑，假装自己一切都好。

1995年春天，是我的最低点。我沮丧得无法面对这个世界。我一天暴食暴吐7次。我想事情已经糟得不能再糟了……

☞解析

名模玛加丽·阿梅迪的行为就是一典型的贪食症，这是因爱吃又怕长胖所引起的。后来暴食更成为她处理压力的方式。所谓贪食症是指患者一次吃下大量的食物，吃的时候狼吞虎咽。他们心理上似乎有一种对食物的强烈渴望，强烈得难以控制。暴食虽暂时使他们得到了对食物的满足，但随之而来的罪恶感、自责又使他们焦虑不安，他们采用各种不当方式（如催吐、滥用泻剂、利尿剂、节食或过度剧烈运动）来清除已吃进的食物，企图平息焦虑，阻止体重增加，此种贪食—清除行为，若每周发生两次且持续三个月以上，即符合神经性贪食症之诊断标准。

贪食症病人自称常有一种类似吸毒的“瘤”，他们说只要让我吃，可以不在乎一切。所食之物，常常是人们平日最禁忌的发胖性食物，如奶油蛋糕、面食、含油很多的菜、肥肉等。有个别人甚至喝食用油。贪食发作时食量是惊人的，进食速度也是难以置信的。典型的病人似久受饥饿的难民，眼睛只盯着食物，不感觉周围发生的一切，像风卷残云般，一桌佳肴瞬间全部消失，这种暴食情况可反复出现。其实这种病人平时就害怕体重增加，因此在暴食发作后，他们极端懊恼自己，并立即采取措施抵消食物带来的发胖作用，最多采用的方法是自我诱吐，其次是服用导泻剂、利尿药，间断性禁食。这些病人的暴食发作、自我诱吐，常常是秘密进行的，为此他们往往回避公共场所的进餐，或聚会，因为每遇美味佳肴，进食欲极强，担心失态不敢随意进食，这种欲望与理智的冲突，似一场精神煎熬，难以承受。

贪食，不当节食的延伸

贪食症多见于二十多岁的年轻女性，一般从十六七岁或更小的时候就开始发病，因为这个年龄的女孩开始强烈意识到自身的美，而这个年龄的女孩正处于发育期，就特别在乎自己的胖与瘦。为了跟上“瘦即美”的时代风尚，她们就开始节食，甚至不食，但有很多节食减肥者因无法忍受口腹之欲而放开大吃，终于又在强烈的罪恶感驱使下，重新开始严格的节食，一段时间后又重蹈暴食的覆辙。他们因此陷入恶性循环。体重忽上忽下，肠胃、身体、精神更是每况愈下。事实上，曾有调查发现，七八成以上的贪食症患者，是从节食开始发生的，因节食不当最后造成暴食。也有厌食者因忍受不了饥饿的长期折磨，最后还是借吃下大量的食物来获取一时的心理满足。这样，厌食症就很有可能转化为贪食症，造成“贪食—厌食—贪食”的恶性循环。贪食症和厌食症有相似之处，都是因为极其害怕胖而所致。与厌食症患者不同的是，贪食症患者虽然暴食，但一般体重正常（只是她自己分外感到胖），原因是暴食后她会采用非常规办法“除”掉食物。如她会在两小时内耗掉数盒饼干、几盒巧克力和几个蛋糕等平时绝对禁忌的油腻、高热量食物。东西入肚后，又会像厌食症患者一样，非常后悔，然后用抠喉、吃泻药等非常规办法，去除腹中的食物，在这反复过程中夹杂着悔根、内疚和沮丧的情绪。

贪食，缓解压力的方式

暴饮暴食者无法控制自己的食欲，是贪食症的表面现象，深层次的原因是因为焦虑，因为对自己情绪无法控制，是转移压力的一种潜意识的表现。感到焦虑了，就会以不停地吃，吃到自己难受，以这样的“忙”来掩饰、转移焦虑情绪。因此神经性贪食症在一定意义上说就是一种心理疾病。可以这样讲，贪食症在很大程度上是由人们生活的压力或焦虑造成的。如英国的戴安娜王妃，可能没有几个人知道，在她美丽高贵的外表之下，却曾经用“吃”来解除深埋在自己内心的苦恼。在世纪婚礼的前一天晚上，查尔斯王子的礼物和信笺并没能帮助这位未来的王妃平息几个月来郁积在心中的苦恼。就在那个本该安睡的夜晚，她吃下了很多的食物，最后病倒了。在戴安娜日后的宫廷生活中，冲突、焦虑、痛苦、忧郁始终伴随着她。她必须常常吃进大量的食物，甚至要溜进厨房寻找食物以快速地填入腹中。本文中的案例也都是在有压力的情况之下发生的。

一般来说，性格上较软弱，比较看重外界评价的人得贪食症的可能性更大一些。从性别上看，女性患病几率比男性大了很多。其实在常人看来吃东西是很正常的，但过度的进食则变成了一种病。这些人很容易用其他人看来很平常的事物来排解自己的焦虑，有时候他们甚至自己也不知道为什么自己只要不开心就必须要吃东西或者购物。实际上她们的这种行为只是为了达到忽略自己当前压力而采取的一种方式。

我们可以说，男人藉由抽烟喝酒缓解压力，女人则喜欢通过进食来缓解压力。两种方式都没有什么错，只是一旦走上了极端，这些行为就会变成需要解决的问题了。

贪食，后果不容忽视

慢性的带有导泻症状的贪食症会产生很多医学后果。其中，包括由于反复呕吐导致唾液腺增大而造成脸部的肿大，反复的呕吐还会腐蚀门牙表面的釉质，造成牙齿上褐色斑点。更重要的是，持续呕吐会破坏体液中的电解质平衡，包括钠和钾的平衡，如果不引起注意的话还可能会导致严重的医学并发症，包括心律不齐和肾功能减退，进而可能导致死亡。滥用泻药导致的肠道问题也具有很强的潜在危害，有可能产生严重便秘或永久性的结肠损坏。如玛加丽所说：我脖子上的腺体总是肿的，喉咙一直疼。我一次次在工作时晕倒却把它归罪为低血糖。因为营养不良和吐掉了全部液体，我一直处于脱水状态，很怕冷。我皮肤发干，头发、指甲易断易折，还有心悸、月经不调等问题。我夜不能寐、心神不宁，夜夜被内疚和沮丧折磨着，因此我总是有黑眼圈和肿眼泡。

贪食症的治疗，贵在坚持

贪食症的治疗并不难，难的是患者的坚持。

医生一般会先从认知上入手，让患者正确认识肥胖的概念，纠正“我很胖”的错误观念。然后和患者一起订一份合适的饮食计划，根据这份计划逐步调整饮食习惯和饮食量。由于患者常常伴有焦虑、紧张、抑郁，还要配合抗抑郁或焦虑的药物治疗。也有的采取“厌恶法”，就是通过某种办法（或是媒介），让你看到食物就感到恶心、想吐，从而抑制你吃的欲望，达到逐步调整饮食习惯的目的。

治疗过程是漫长的，效果也不可能立竿见影，本身有强烈的治疗愿望是前提，患者最感痛苦的是难以坚持，常常半途而废。因此，亲朋好友同事的支持非常重要。这份社会支持，既是给患者坚持治疗的力量，也是给患者提供情感宣泄的渠道。遗憾的是，贪食症患者一般会对自己的行为感到自卑，因此行为变得很隐密，初期阶段连家人都难以察觉，治疗过程中也是不想让他人知道，支持力量较少。

运动是非常好的办法，在运动中缓解压力和焦虑情绪，有人称之为“用肌肉拯救你的灵魂”。

贪食症的自我诊断

（1）周期性的暴食（短期内吃掉大量的食物）。

（2）周期性的吐泻（自行催吐、服用泻药、严格的节食或过量运动）。

（3）尽管经常运动和节食，仍然保持或恢复原有的体重。

（4）虽然没有增加体重，但一次能吃掉大量的食物。

（5）在盥洗室长时间停留以便自行催吐。

（6）经常滥用药物、酗酒或有偷窃行为。

（7）长时间感到抑郁。

（8）月经周期不规律。

（9）牙齿出现问题，腮腺肿大，由于催吐手背肿胀或有疤痕。

如果你觉得自己和上述情况很像，建议你立刻住院治疗！

进食行为简易测试

很多已经患有进食障碍的人并不认为自己有什么不正常之处，下面是一个简易测试，可以让你简单了解自己的进食行为：

（1）半夜醒来，你信步走到厨房，打开冰箱门，这时你脑子里的念头是

A. 冰箱里有牛奶吗？

B. 晚餐吃的是面条，还是排骨，或者沙拉？

C. 吃剩的蛋糕太诱人了，我最好现在吃掉它。

（2）最近一次量体重，发现自己又胖了两公斤，你会：

A. 试着 24 小时只喝果汁。

B. 继续以前的食谱，只是少吃些。

C. 很失望，为感觉好些，吃些巧克力。

（3）工作繁忙时，你会

A. 不时地想吃东西，并总是问自己：是不是该吃饭了，晚餐吃些什么？

B. 你忘记进食而消瘦。

C. 尽量坚持有规律地进食。

（4）工作中发生了一些不愉快的事情，你会

A. 浸浴以放松自己。

B. 与朋友一起去喜爱的餐厅会感觉好一些。

C. 去健身房锻炼。

(5) 在超市里阅读包装上的营养介绍时，你关注的是

A. 卡路里含量。

B. 脂肪含量。

C. 营养价值。

(6) 有经期不适时，你会吃两汤匙冰淇淋，然后

A. 把剩下的都吃完。

B. 当天不再吃甜食。

C. 放回冰箱。

(7) 为了祝贺你最近的提升，你的朋友请你吃西餐，你会

A. 不点面包，点一些价格比平常贵的菜。

B. 不再管任何禁忌，尽情大吃一顿。

C. 吃鱼或者意大利通心粉，拒绝甜点。

(8) 当你还是个孩子时，你经常

A. 还没有到吃饭时间，你已经吃了很多零食了。

B. 不怎么想吃东西，除非是你最喜欢的食物。

C. 需要经常被鼓励才有可能吃完所有的东西。

(9) 在下面的问题中，请你用“是”或“否”回答

A. 无时无刻不在节食。

B. 每次吃油炸食品和面食后都会后悔。

C. 每小时总有几次想吃东西。

D. 只吃无脂肪的食品。

E. 吃东西时总是不能细嚼慢咽。

F. 愿意为家人、朋友的和睦关系而做任何事。

G. 每天测量体重。

H. 对体重无所谓。

I. 经常无精打采。

J. 脑子里总有适当的卡路里限度。

（10）在任何情况下，当你过分沉溺于食物时，你会

A. 厌烦、愤怒、伤心或者压力很大。

B. 在家人、朋友的关爱中，开心得不会考虑自己吃了些什么。

C. 吃过之后就后悔。

计算你的得分：

	A	B	C
1.	1	2	0
2.	1	0	2
3.	2	0	1
4.	1	0	1
5.	2	0	1
6.	2	0	1
7.	1	2	0
8.	2	1	0

9. 是否视情况而定

	是	不确定	否
A.	2	1	0
B.	0	1	2
C.	2	1	0
D.	0	1	2
E.	2	1	0
F.	2	1	0
G.	0	1	2
H.	2	1	0
I.	2	1	0

J. 0　　1　　2

10. 2　　1　　0

答案——你属于哪种人：

0～12分

看来，你正是一位“减肥强迫症”患者。

与那些吃零食让自己满意的人不同，这类型的女性总是否定自己的食欲，刻板地进食。她们总是担心自己吃得太多会发胖，每次进食之后，又总是后悔自己吃得太多。

通常这类型的女性偏爱运动，她们可能与家人或朋友之间有矛盾，或者感情生活遇到麻烦，或者工作不顺心等。这种情形下，她们唯一能控制的就是放进嘴里的食物。为了减轻体重，她们甚至拒绝出席宴会。渐渐地，就会形成减肥强迫症。而她们的体重会突然地显著减少或增加。

建议：多了解一些你每天应该摄入的营养，并尽量做到。应该扩大社交范围，多参加团体活动，并努力告诉你自己，食物不会使你发胖，你只是为满足自己的生命需要而进食。

13～26分

还好，你是一位理智的进食者。

对你来说，食物只是生命的基本需要，与工作或交朋友一样，但这并不是说你没有享受进食的乐趣，正因为你对自己的体形很自信、很积极，所以不必拒绝进食。当你坐下来进食的时候，哪怕是一顿快餐，你也会吃光盘子里所有的东西。

你一定是这样长大的——当你饥饿时，你的父母会问你：“好像你饿了，吃点零食吗？”而不是“我是你的妈妈，我要你吃这些零食！”因此，你从小就学会了尊重自己的需要，你留心自己对食物的需要，饿的时候，你会及时补充食物，而一旦吃饱了，马上就停止，对饮食你没有任何的思想包袱。而工作或生活中，你总能理智地处理突然的变故。

建议：可能连你自己都不觉得你对食物有这样理智的态度，保持你的良好习惯吧！

27分以上

你面临另一种危险——你是一位食物迷恋者。

如果你新陈代谢很快，你仍然可以放开大吃而不用担心长胖，但大部分情况下，你会因为吃得太多而发胖。

大部分女性都会利用进食来满足自己潜意识里的某种需要，有些人习惯性地逃避想吃的欲望与担心体重增加的矛盾；有些人情绪高涨或低落时，通常会大量地进食；有些人在情绪正常的情况下倒比平时吃得更多了；还有些人因为吃得太多而不知道自己饿不饿。

建议：你可以记录一下一周内每次进食的内容，阻止自己疯狂地进食会让你不至于发胖。

另一种有效的方法是，当你特别想吃东西的时候，让自己忍耐半个小时，然后再问自己真正需要的是什么？你可能只想和朋友闲聊或透透气而已，即使都不是，你一定也不会像刚才那么渴望吃东西了。

四、偏离现实的欲望

——性心理障碍浅谈

性是生物繁衍的基础，人类正是由于具有性的特征和性的能力，才有了男女的结合，种族才得以延续进化。性行为是人的一种“本能”。但是人类的性行为绝不仅是生理本能的反映，而是包括思维、语言、情感、意识形态影响在内的社会心理因素与生物学因素的相互作用，性活动是行为、情欲、态度和品质的综合表现。人类的性包括性生理和性心理两方面，在它们的发展过程中常常受到许多因素，包括社会、心理、遗传、疾病、道德、文化等的影响，而使性生理和性心理遭到破坏，出现性功能和性心理的障碍。

性是什么？

人人都有性，每个人从呱呱落地时起就表现出自己的性别。从新生儿性心理的萌芽、发育，到男女恋爱、结婚、生育，直至老年，性与生俱来，终其一生。

那么，究竟什么是性呢？

人类有男女两性的区别，男女的差别首先表现在性方面。由于男女两性本身各具有独特的生理解剖构造和生理活动，因此，性首先是指男女两性在生物学上的差别，它包括以下几个方面：性染色体不同，这是一个根本的性生物学差别；性腺不同，它们决定着男女其他生殖器官和性征的差异；性激素不同，它们对性器官和第二性征的发育起着重要的作用；生殖道和外生殖器上的差别；第二性征的差别。通常情况下，人们从以上五个生物学的方面来表达性，区分性。性在生物学上的差别是生物性别的决定者，也是性别身份和性行为偏向形成的基础。

另外，性是一种生育方式，使人类种族得以延续下去。两性的结合，使原来不认识的男女，千里一线，终成眷属，组合成无数的社会细胞——家庭。此时，性既是亲密的黏合剂，也是容易造成夫妻反目的分离剂。

性也是社会文化的一种重要组成部分。它涉及道德、法律、艺术等相关内容。纵观人类生存发展的历史，在世界上所有文明民族的历史上都曾经有过严格的性道德。人类实行群体的社会生活，为了整体的生存和发展，必然要求每个个体的行为都符合一定的社会规范，以维护群体的稳定和繁荣。这就决定了人类社会必须建立在个体和群体行为都受到必要约束的基础之上。因此我们毫不夸张地说，没有历史上形成的对性行为的社会约束，就不会有今天的文明人类。

什么是性心理障碍?

人的一切性活动，不论是性适应，还是性不适应，都是生理、心理、社会这三要素共同作用的结果。生物特征是基础，社会特征是影响，而反映出的往往是性心理特征。当人类的生理和心理受到诸多因素的影响后，就会出现性功能障碍和性心理障碍。性功能障碍如阳痿、早泄、性欲缺乏、阴道痉挛以及性交疼痛等都会给病人的夫妻生活带来痛苦，而性心理障碍却鲜为人知。

所谓性心理障碍过去认为是病态人格中的一种类型，所以叫性病态人格或性变态。事实上，许多性心理障碍病人并没有突出的人格障碍，除了单一的性心理障碍表现出来的与一般人的性行为不相同之外，并没有其他的人格缺陷。因此目前都一致称之为性心理障碍。

正常的性活动应是在成熟的异性之间，以阴茎和阴道为性交主体的行为。凡是性欲活动不指向异性，或者不采取上述性欲满足方式或情节荒唐者，均属于性心理障碍。性心理障碍的病人产生性兴奋、性冲动及性行为的对象和一般常人不一样。他们对一般常人不引起性兴奋的某些物体或情境，如对女人用过的内衣、手帕等，产生强烈的性兴奋，而对正常的性行为方式有不同程度的干扰或减低。

这些性心理障碍的病人并不是道德败坏、流氓成性的人，也并不是性欲亢进的淫乱之徒，他们多数性欲低下，甚至对正常的性行为方式不感兴趣。他们不结婚，有的结了婚，夫妻性生活也极少或很勉强，常常逃避。他们对一般社会生活的适应是正常的，许多人在工作中尽职尽责，工作态度认真，常受到好评；许多人表现内向、话少、不善交际、害羞、文静。他们在社会生活中和一般人没有什么差别，也有一般人的道德伦理观念，因此，常对自己触犯社会规范的性行为，深表悔恨，但却常常屡改屡犯。

常见的性心理障碍有：性身份障碍，如易性癖；性偏好障碍，如恋物癖、露阴癖、异装癖、窥阴（淫）癖、摩擦癖、施虐癖与受虐癖、恋兽癖、恋尸癖等；性指向障碍，如同性恋等。

1．厌恶自己身体的人
——易性癖

☞**案例**

他，一位大学生，从初二开始有了做女性的愿望，认为做女孩可以像其妹妹那样撒娇、任性，得到宠爱，而不必像男孩那样总得以强者面目出现，活得那么累。初三时他得了一场大病，由腮腺炎转为睾丸炎，致使一侧睾丸受损。虽另一侧睾丸生殖功能正常，但这使本来就为自己缺乏男性气质外表而自卑的他，又加深了一层自卑感，更觉自己不是一个真正的男人，做女性的愿望也更加强烈，甚至产生了切除生殖器的念头。高中时，患者喜欢上同校一男生，经常与之在一起，寻求精神寄托，但没告知对方隐私，只保持一般朋友关系。但对一些男性的引诱，他又加以拒绝。理由是他们是同性恋者。进入大学以后，女性化的要求呈上升趋势，平时上课也带手镯、项链等饰物，喷洒香水，不自觉地模仿女性声音、举止。他经常考虑做变性手术，关心这方面内容的报道，但面对社会压力感到很恐怖，不敢让父母知道，怕他人了解到内心的隐私，尽量克制自己。他经常幻想以一个女性的身份结婚成家，尽妻子的职责，侍候好丈夫。内心非常渴求获得男性性爱。逐渐喜欢上同宿舍一男生。该男生高大、强壮、健美。在班上富有号召力，他对该男生几乎达到一种狂恋的地步。投入了全部感情，并向对方第一个透露了内心的隐私。双方曾单独居住在一起。由于患者对自己男儿之身自卑至极，不愿裸露，双方只有拥抱、亲吻、性爱抚。但对方对患者常若即若离，实难接受他的“感情”，又常挖苦讽刺他，甚至对他说：“你永远只是个男人！”使他不但没有得到所期求的温暖、关怀、爱情，反而更加痛苦。可他又不愿放弃第一次情感的付出，更害怕对方泄露出秘密。既不能以女性的身份生活，情感上又得不到满足，为此他长期失眠，学习注意力不集中，每日挣扎在痛苦中不能自拔，几次想走上绝路。

☞**解析**

这是一位严重的易性癖患者，性行为带有同性恋倾向。但是，虽然有与男性的性爱抚和对男性的好感，但却立足于把自己视为女性性别的基础上。他仅仅是由于社会条件的限制，没有做变性手术。所谓易性癖，又称性别转换症，是指以性身份识别障碍为基本特征的一类性变态，表现为心理上不与自己的生物学性别认同，并有多种异常性行为。患易性癖的人男女都有，男性占多数，其男女比例约为3:1。

易者，变也。患者性别心理辨识与其生物学性别处于矛盾状态。自己本来是女性，却在心理感觉上认为是男性；本来是男性却认为是女性，完全无视解剖学上的证据。病人渴望作为异性来生活，并在衣着、举止和其他方面主动模仿异性，希望被异性接受为其中一员。病人对自己性征的解剖结构有不适当感和厌恶感，寻求方法改变他（她）的外生殖器以符合其异性心理特点，要求用外科手术或激素治疗使自己尽可能与其所偏爱的性别一致。轻者常有性焦虑、忧郁、孤独感和痛苦等负性情绪，重者出现生殖器官的自残或有自杀倾向。易性癖者多数是男性，大多数在青春期显露出来。这种性别认定的转换，至少应持续存在两年，才能诊断为易性癖，同时要排除不是其他精神障碍如精神分裂症的症状，亦不伴有任何雌雄同体、遗传改变及性染色体异常。

易性癖的病因不十分清楚。现在一般认为，除了遗传因素外，易性癖是受不良心理社会因素造成的。儿童在 3 岁左右时开始出现性别意识，而在此之前的一段时间内，儿童的性别意识是未分化的或模糊不清的，不知道自己是男是女。在此期间，成人的教育对儿童的性别身份的自我识别有极为关键的作用，如果此时对儿童的性别身份自我识别教育混乱的话（如有的父母把男孩当女孩养，使其从小就“娘娘腔”，或把女孩当男孩养，自幼就像个“假小子”），就可能导致儿童形成性别身份识别的偏差，这种偏差往往是成年后发生性身份障碍的主要成因。因此，不要以为在幼儿时期给孩子穿异性衣服，将孩子当异性养是件小事。也有因在成长过程中遭遇挫折，或对异性产生羡慕，从而被异性“同化”所致。大多数易性癖者通常在性心理发展的初期阶段就已显露出换性的迹象，有的在 3 岁时就已显示出愿意作为异性而生存的愿望。成年后若不能履行社会性别角色，社会压力会促使潜在的易性倾向暴露。有些患者幼稚地认为在同性别的人中自己是个失败者。随着一个人逐渐长成，社会的压力会使他换性的要求愈来愈强烈。常可见年岁较大的易性癖者较年轻者有更强烈的性转换趋向。而且这些年长的易性癖者似乎都是典型的异性恋者。那些接受易性术的老年男子在中年时就希望成为一个妇女，以抵御潜在的压力。体内激素失调，尤其下丘脑与雄激素的关系失调也被认为是易性癖发生的原因之一。

易性癖一旦确诊是很难用药物治疗奏效的。关于易性癖的治疗，大多数专家认为，对于真正的易性癖者，外科手术是最好的治疗手段。因此易性癖患者可通过性别变换手术解决。1983 年 1 月 10 日，张克莎完成了自己由男人变成女人的变性手术，也实现了自己的“女人梦”，这是中国首位变性人。此后相当长时间内，变性和变性手术逐渐为世人所了解和理解。变性人，在逐步被社会所理解和接受的今天，被一些研究者冠以“第三类性别生存”。在人类性别自古非男即女的定式思维惯性下，即非男也非女的第三类性别的提法着实吸引了不少关注的目光。而所有的一切源于变性手术和变性人的出现。目前，中国有至少 10 万人要求变性，另有说法是 40 万人。而实际已进行变性手术的不过 1000 人。其实，从已进行变性手术的患者来看，变性确实能满足易性癖患者一时的心理需求，但长远来看，变性人在实施手术后会面临新的问题，如周围人的异样眼光，就业的压力，婚姻问题，经济来源问题。一些变性者手术后就产生悔意。在江苏，一变性人就以医院没有达到自己的手术要求而将医院告上法庭。而台湾省首例变性人不堪压力而自杀。因此，尽管现在医学能够实现变性手术，但变性不是儿戏。从临床来看，其成因多是心理的，所以变性手术，既不是首选也不是唯一的治疗方法。心理疏导才是治疗易性癖的首选，应把对患者实施心理心疗放在第一位。

避免患易性癖的良策是及早预防。要告诫为人父母者，千万别把对孩子作异性打扮当儿戏。当发现孩子有易性癖倾向时，须及时找心理医生做心理治疗。实践证明，引导、促进这种人与异性结婚，有利于变态心理的纠正。

易性癖的心理治疗：1. 支持性心理治疗：心理医生与患

者建立良好的医患关系，引导患者将内心的痛苦倾吐出来，并给予患者理解、关心和支持。因为易性癖是一种性别身份识别障碍，医生要用自己的知识来帮助患者认知自己的真正“身份”，帮助患者渡过心理上的危机。2. 认知领悟疗法：（1）让患者确认自身问题，接受现实。（2）宣泄、调整情绪。（3）改变认知，接纳自我，消除自卑感。3. 疏导疗法。帮助患者分析易性癖产生的原因及其危害，提高患者对性别的认识，接受现实，使患者从痛苦中解放出来。教给患者一些治疗方法，树立起矫正易性癖行为的勇气和信心。

2. 断背山上的动人爱恋
——同性恋

☞案例

1963 年夏天的一个清晨，美国怀俄明州的西部，为同一个牧场主打工的年轻农夫杰克与牛仔恩尼斯邂逅于人迹罕至的断背山深处的牧场。高山牧场的工作单调而艰苦，随时有遭遇野兽袭击的可能。每晚轮班的两人起初各自放羊，少有交流。久而久之，健谈的杰克和少言寡语的恩尼斯却有了难言的默契。恩尼斯说起父母的车祸，自己被兄长抚养长大的经历，还有他的未婚妻艾尔玛，杰克则回忆起严厉的父母以及在马戏团工作的时光。在荒无人烟的落基山脉，两人成为彼此的依靠。

在一个严寒的夜晚，恩尼斯与杰克在火堆熄灭后依偎取暖，偶发的激情将两人的关系转变成同性情侣。寂寞让两个 19 岁的青年彼此相爱了，在断背山中，两人度过了人生中最美好的夏日时光。季节性放牧结束了，迫于世俗，杰克和恩尼斯依依不舍地分离。留在牧场的恩尼斯迎娶了自幼相识的艾尔玛，有了两个可爱的女儿；杰克到了德州，在妻子露琳家族的扶植下事业蒸蒸日上，还有了个儿子。

弹指四年过去，饱受相思之苦的杰克终于给恩尼斯寄去贺卡，重逢后的两人意识到心中炽热的情感，于是在随后的十几年中，都定期约会钓鱼。知情的艾尔玛痛苦不堪，而杰克与恩尼斯也经受着巨大偏见和世俗压力。最终，厮守一生的愿望因杰克的意外身亡而落空。在杰克去世后，恩尼斯来到了杰克父母的农场，想把杰克的骨灰带回到二人初识的断背山。在杰克的房间里，他发现了一个秘密，不禁潸然泪下：初识时他们各自穿过的衬衫被整齐地套在了同一个衣架上。他意识到杰克是多么爱他。但无论爱是怎样的浓烈，最终见证它的只有那座壮美苍郁的断背山。

☞解析

《断背山》这部电影火遍了2006年，使得人们开始关注起同性恋这个特殊的群体，开始关注他们的爱情！而且“断背山”这个词也成了同性恋的代名词。

同性恋，古已有之。《韩非子》的“说难”篇中有一则历史故事。卫国的国王卫灵公很喜爱一个美男子弥子瑕。按照卫国的法律，若偷驾国王的车子，应处以断足的刑罚。有一天，弥子瑕听说他母亲病了，便偷驾国王的车子去看他母亲，国王听说之后，未加处罚，反而称赞他孝顺。又有一次，弥子瑕与国王在果园中游玩，弥子瑕吃到一个很甜的桃子，便把剩下的一半给国王吃，国王又称赞他，竟然不顾君臣礼统，甘吃余桃，说明多么相爱！所以后来称同性恋为“余桃之癖”。《汉书·佞幸传》记载，汉哀帝非常爱董贤，出游时哀帝和他同坐一辆车子，在室内则同床共卧。有一次，白天两人一起睡觉，哀帝睡醒了要起床，但董贤还在熟睡，而且压住哀帝的衣袖，哀帝为了不吵醒他，就派人把衣袖割断而起。所以后来又把同性恋称为“断袖之癖”，或简称“断袖”，有时也合称为“余桃断袖”。“断背山”这一中文译名也由此而来。

同性恋（homosexuality）一词是由一名德国医生本克尔特于1869年创造的。它描述的是对异性人士不能做出性反应，却被自己同性别的人所吸引。同性恋是一种性取向或性指向，具有同性恋性取向的人只对或基本上只对社会中与自己性别相同的人产生性欲或爱慕。具有这种性取向的人称谓同性恋者。《中国精神障碍分类与诊断标准》第三版诊断标准中对同性恋的定义是同性恋的性活动不一定是心理异常的表现，只有由于同性的性行为导致了心理矛盾、焦虑，严重影响正常的生活和学习的，才被认为是性心理障碍，称之为“自我不和谐的同性恋”。

同性恋双方男性被动型和女性主动型者才是真正的性变态，他们在心理和体质上有较多的异性特征，故称为绝对同性恋者。但有些人既保持同性间性交往，也保持异性间性交往，则称为两性恋。也有些人只是在一生中的某一时期或处于某一特定环境下时才出现同性恋倾向，像远航的海员、服役的士兵或集体宿舍的学生，称为境遇性同性恋。

同性恋现象广泛地存在于人类的过去和现在，上至伟大人物、下至市井平民的社会各阶层中。而今，世界上许多国家对同性恋的态度发生了很大变化。如美国精神病学会于1974年经投票表决把同性恋从性心理障碍中删除。国际疾病分类第10版也取消了同性恋。2001年《中国精神障碍分类与诊断标准》也把同性恋从精神疾病名单中剔除，实现了中国同性恋非病理化。在立法上有些国家的法律承认了同性恋，丹麦已成为全球第一个同性恋婚姻享有法律权利的国家。总的来讲，它是一种社会现象和客观存在，人们观念的总的趋势是采取开放、宽容的态度。

但20世纪80年代以来流行的艾滋病多见于同性恋者的事实使西方社会一度出现恐慌，同性恋者几乎成了过街老鼠人人喊打，人们避之唯恐不及。由于目前艾滋病已越来越多地在异性之间传播，所以那种片面地把同性恋和艾滋病等同起来、甚至认为艾滋病是上帝对同性恋的惩罚的观点是绝对站不住脚的。

同性恋形成的原因究竟是什么？国内外同性恋资料表明，各种背景不同的同性恋者们都强烈地感到自己身体上长着一个异性的脑袋，也就是说，同性恋者的大脑性欲求（大脑性别或心理性别）和性器官性别型式是相悖的。同性恋者那个异性的脑袋驱使他（她）们去寻求自己心理上的异性。事情在他（她）们那里被颠倒了，即生理上的异性是他（她）们心理上的同性，而生理上的同性却是他（她）们心理上的异性。可以设想，大脑中一定存在着性神经，那么大脑性神经支配性心理，性心理支配性行为。

对同性恋的成因，也有种种的非生物学解释。例如，社会学习理论认为同性恋是习得的行为习惯；家庭决定论认为不慈祥、不和蔼的父亲有碍儿子男性化和女儿女性化的发展；心理分析理论主张同性恋起源于早期的不良亲子关系，也有心理分析学家认为同性恋是一种自恋情结所致；交互论或多重模式认为同性恋乃是生物因素、文化因素及心理因素交互作用的结果。看来，这些非生物学的解说，即便也能找到某种例证，实际上也会是一些“相对同性恋者”或“境遇性同性恋者”，实际上并不是针对真正的同性恋者即“绝对同性恋”者，这些说法也许会模糊和混乱对同性恋的正确认识和合理对待。

在最近的调查中显示，中国的同性恋人数达到了1 300万到 1 500 万人，而实际人数恐怕不止如此。大部分同性恋者在社会压力下，长期处于耻辱、自卑的状态，当他们个人控制力不足时，就很容易走向极端，做出一些对自己、对社会不利的事情来。所以同性恋者自己要注意心理方面的咨询和排解，而社会也应该给他们更多的理解。

一些同性恋者可以通过行为疗法、认知疗法对自己的性取向进行引导。但当很难转变时，那就只能宽容地对待他们。只要双方自愿，别人就不应该多加干涉。同时，社会和家庭不要强迫同性恋者和异性结婚，这往往会导致两败俱伤的结果。社会应该对同性恋者宽容，给他们一个自己选择的空间。

同性恋者中有 70% 是由于先天基因原因造成的性取向问题，30% 是受后天影响。但这并不表示外界因素就可以暂时忽略。在中国，有些家庭会把男孩当女孩养，或是把女孩当男孩养，这对孩子今后的性取向会产生不良的影响。所以在孩子 7 岁之后，家长要特别注意对孩子自身性别的塑造。

3. 女人的内衣让他心动
——恋物癖

☞案例

每天，我都渴望而又拒绝着黑夜的降临。已经记不清楚始于何时了。当夜幕降临，暗夜的兴奋也随之升起。我关闭门窗，放下窗帘，取出床下箱子里暗藏的女式内衣和一本人体写真摄影集，看着看着情绪便激动起来，脑子里幻想这些文胸和内裤，在某个熟识或者陌生的漂亮女人身上，该是怎样的柔软和体贴……等到那种强烈的高潮过后，我把一切东西收拾存放好，理智才又回归于正常。

这样的情节，算起来已经有三四年的时间，在欲望和期盼正常生活的激荡下，我无可奈何地挣扎着。

箱子里暗藏的女内衣有好几件。第一次的记忆是如此清晰：两年前的深夜里，我酒后回到租居的“家”中，走到二楼时，看到靠楼梯的居室外面的晾衣绳上，垂挂着女式内衣，心一下子提了起来，我的心怦怦地剧烈跳动，回望一下静静的院落，我迅速上前连衣架一同揣进怀里，轻手轻脚地回到屋里。那个夜里，我第一次穿上女性的内衣手淫，而从此，这也成了一种暗夜的寄托。

曾经经常痛恨自己的卑鄙无耻和下流堕落，可是我仍然控制不住自己，总是在白天不由自主地看院子里有无搭晒女性的衣物，特别是内衣裤等贴身的东西。等到衣物得手，到了夜里，我穿上它们，在幻想中似乎就已经和女性融合在了一起。

曾经深深地思索造成这一切后果的由来，我怀疑是否有家庭的因素。我们家原来六口人，唯母亲是女性。在双职工的家庭中，因为工作，因为家务，母亲里里外外地忙，脾气不是很好，使我从未感到女性的温馨和关爱。因为家中经济条件差的缘故，已经初中三年级的我，两条裤头已经有一条破得不能再穿了，扭扭捏捏感到不好意思的我告诉了母亲。第二天母亲拿了一条内裤给我，这条红色的内裤还是新的，母亲说她穿上紧得难受，把它给我。我心情复杂地接过来穿上了，只觉得一种感觉怪怪的。要知道这是母亲穿的啊，是女人的东西。

你能想象得到现在的我吗？我会西装革履地从容走进女性内衣精品店，非常优雅和绅士地挑选两条时尚的女士精品内裤，付过款便回到租居的屋子，我又一次获得了性快感……我似乎完全是在欲望中挣扎，在极度的快感高潮过后，倏忽间跌入悬崖……我还能继续这样下去么？我该如何找寻一条崭新的生命之旅？

☞解析

很显然案例中的他患上了恋物癖。所谓恋物癖是指经常反复地收集异性使用过的物品，并将此物品作为性兴奋与满足的唯一手段的现象。所恋对象可以是与性有关的，如头发、内裤、乳罩等，也可能是与性较少关联的雨衣、球鞋、牛仔服等。另外，还有一类是人身体的一部分结构，如手指、鼻子、足部等，后者相当一部分可隐于合法婚姻中，故较少引起社会注意。

恋物癖一般起自青少年时期，几乎完全是男性，而且大多数患者都是异性恋者，不过他们大多对性生活胆怯或者性功能低下，并且也很少有攻击或暴力行为。恋物癖患者常因其变态行为而给自己造成许多麻烦与不幸，但却不能克制自己的行为，因此常常会感到极大的痛苦。

实际上，从某种意义上来讲，恋物癖有着深厚的正常性心理或意识活动基础。我们也可以这样说，每个正常人都或多或少地有着恋物性行为，比如爱慕异性对象，从而把异性对象的物品或身体的某一部分作为性兴趣的一部分甚至中心。所谓的“爱屋及乌”就是一种相关心理的确切描述。但是，如果恋物的行为超过一定的限度，其性兴奋完全脱离了与异性性对象身心的统一，而把性兴趣局限为某种无生命的物品或性对象身体上的某一非性部分，单纯地爱性对象的“物”而并不爱人，这就成了性偏离。

恋物癖的特征表现：

（1）千方百计地收集其偏爱的异性的物体。不惜冒偷窃、名誉扫地、前途黯淡的危险，不停地到处寻找，若拿不到这些东西，便会产生焦虑不安的情绪。一般无经济目的。

（2）恋物癖患者对异性本身毫无兴趣，把性欲专门指向物品。至于这些物品是什么人的则无关紧要。

（3）患者是一边摸着、看着、闻着这些物品，一边以各种方式达到性高潮。如有的患者在手淫或性交时也带着这些物品。

（4）恋物癖是一种习惯性的行为，而且患者在偷窃恋物的前后心理也是相当复杂、矛盾重重的，没有得手之前，往往感到焦虑、紧张和不安，一旦得手，虽然性心理得到了满足，但常常又会因憎恨自己的这种行为而产生自责、悔恨、忧郁、痛苦、自卑等心理冲突。因此，经常是有改过之心，无改过之举。

研究证明，大部分恋物癖都是习得的，也就是说，环境影响与性经历在恋物癖的发生中扮演着重要的角色。多数恋物癖者有这种经历，开始当性兴趣强烈化并伴有性兴奋出现时，与某种物品的联系多是偶然的，但经过一次或几次反复，通过条件反射机制或学习机制固定下来，就形成了对此种物品的强烈的性兴奋依赖性，从而产生恋物癖。很多恋物癖者可以明确说出其恋物产生的明显诱因。

恋物癖的发病机制尚不清楚。有的学者认为这与下丘脑中枢神经递质分泌失调有关；也有人认为这是由于对异性肉体的原始欲望和渴求所致；比较肯定的一点是由于童年环境与性意识混乱对人格发展所起的阻碍作用导致恋物癖。据临床了解，一些患者童年就习惯于抱着母亲的衣物、头巾睡觉，否则就不易入眠。这类情况如不及时纠正，长大后就容易形成恋物癖。

有恋物倾向的人大多见于性格内向、自信心不足的人。在本能的驱使下，他们有和异性交往、亲近的强烈愿望。在他们眼中，异性的一切都是美好的，但自身性格的不健全又令他们害怕，担心受到异性的拒绝、嘲笑，他们往往没有勇气和女性进行正常的交往，或者在初次尝试和女性进行正常交往的时候遭到了拒绝，从而自信心备受打击，再也提不起和异性正常交往的信心和勇气，这使得他们的性欲求受到了不同程度的压抑。我们已经知道，性冲动、性欲求是一种能量，当它积累到一定程度时是需要某种途径来释放的。为了满足自己和异性交往、亲近的强烈愿望，失去了自信心的他们就只能“退而求其次”，以偷窃、“占有”异性的贴身物件来“满足”和异性亲近的愿望了。

对恋物癖目前尚无特效药物治疗，但可施行心理治疗，配合环境教育与约束，能够矫正大多数恋物癖者的行为。恋物癖者的治疗可采用厌恶疗法和疏导谈话疗法进行矫治。疏导谈话疗法是由心理医生或在患者心目中有权威的教师、家长或其他人跟患者进行谈话，在心理医生或其他谈话者耐心引导下，逐步克服错误的性观念，形成对性问题的正确认识。厌恶疗法则是由心理医生运用各种令人不快或厌恶的刺激作为强化物对患者实施行为矫正。当患者注视女性衣物用品，产生性快感时，即予以电击（或给予其他厌恶刺激），令其感到痛苦，产生回避反应。如此反复多次治疗（约 1～2 周），患者注视女性衣物时产生性兴奋和快感的次数就越来越少，直至消除。厌恶疗法与思想品德教育、个人修养和谈话疗法等措施相配合，可以对恋物癖收到较好的矫治效果。

恋物癖者一定要有矫正自己异常行为的坚定决心和信心，不要因为自己的行为难以纠正和易复发而自卑，要加强道德修养，主动参加有益身心健康的社会交往活动，少接触易引起性冲动和性挑逗的情境和物品，少看带有色情内容的文艺作品和影视节目。恋物癖者一般没有反社会、攻击、不合作或偏执等严重人格异常行为，大多数是愿意接受治疗的。

4 · 男扮女装的诱惑
——异装癖

☞案例

白天，他是个普普通通的七尺男儿，西装革履，嗓音低沉。可是，到了晚上，他却穿上长筒袜、抹上口红，戴上卷发，在镜子前享受“女人”的自己……他知道这不正常，但无法控制强烈的“男扮女装”欲望。

他今年30岁。3年前，有一次他和女朋友一起逛街，女朋友买了一管口红，回去后试给他看，他看到女友嘴唇上晶晶亮亮的色彩，觉得很漂亮，忽然产生一个想法：不知道抹口红是什么感觉？在难以按捺的好奇之下，他趁女友不在的时候，偷偷拿出那管口红，擦在自己嘴上试了一下。

“当我涂口红的时候，我很紧张，怕女朋友回来看见，又觉得莫名其妙地兴奋，那种感觉非常刺激！”他回忆说，他也不知道为什么，当时就仿佛有种“过电”感，而看到镜子里嘴巴涂得通红的自己，居然没有一点不舒服的感觉，相反却很兴奋，好像做了什么超级刺激的事一样。

从那天起，他对那种刺激感就上了瘾，发现自己对女人用的东西越来越有兴趣，尤其是口红、香水和女性的内衣。后来发展到喜欢穿女装，他喜欢把女友的文胸套在自己宽阔的胸前，然后在外面套上外套，对着镜子左照右照；还会翻女友的女式毛衣穿，有一次，他穿上女友的一件紧身花毛衣，虽然短了半截，他却觉得舒服，还偷偷穿到了街上去。渐渐地，女友发现了他这些奇怪的癖好，非常惊讶又嫌恶，很快跟他分手了。

后来他的问题越来越严重，发展到两三天甚至每天都要穿一回女装，不穿就不舒服，穿上后心情才平静，若能穿上后外出走走，更感到满足，同时有性快感，有时伴有手淫。为此他买了大量的女装，家里堆满了各种长裙短裙、长筒袜、女式衬衫，甚至还有吊带衫。还买了化妆书回来，边看书边打粉底、涂眼影、夹眼睫毛。现在，他已经可以在很短的时间内迅速把自己打扮成一个浓妆艳抹的“女人”。

☞解析

上述案例中的“男扮女装”行为在性心理学上称作异装癖。所谓异装癖是指通过穿着异性服装而获得性兴奋或性快感的一种性心理障碍。广义的异装癖包括通过穿戴异性服饰、使用异性专用物品而得到某种心理快感的情况，快感不一定有明显的性或色情成分。狭义的异装癖在现代仅限于男性，其行为常开始于穿女性服装感到性兴奋，诱发手淫或射精。

异装癖对自己的性别表示满意，并不希望成为异性，没有性别认同障碍。同性恋者、异性恋者以及恋物癖者也喜欢穿异装，但和异装癖穿异装目的有所不同。前三者的目的主要是为了心理的某些需要，而后者的主要目的则是为了性交的需要。恋物癖者着异装虽引起性兴奋甚至获得性满足，但对异性和性交都不感兴趣。有些异装癖是由有恋物癖倾向的人发展而来的，而有的异装癖也可能发展为易性癖（即强烈要求变更性别）。

随着社会的变化，男装女性化、女性男装化已不足为奇，但只要不是以着异装来引起性兴奋、达到性满足的，就不是异装癖。

异装癖患者一般在5~14岁之间开始萌发对异性装束的兴趣，到了青春期就产生与异性装束有关的色情幻想。开始时一般不在公众场合，只在自己房中穿异装，在镜中自我欣赏，以后逐渐出现在公众场合。他们有一套至多套异性服装，有的甚至比女性还要讲究和华丽，他们还有女性的各种装饰与化妆用品。开始是偶尔穿一两件女性服装，以后逐渐增加异性衣饰的件数直至全部使用女性装束，使用女性化妆品与饰物。这类人觉得异性装扮适合其内在性格，着异装有平静、舒适感，有的还感到文雅和美丽，患者着异装后能引起性快感，有的同时手淫或者性交以得到更大的性满足。

大多数异装癖都有一些神经质。当他们穿上异性服装时，把自己躲藏在消极被动的女性感觉背后，至少可以在短时间内逃避作为男性角色所面临的压力和要求，神经紧张的程度会降低，并且会减少神经紧张造成的某些不自然的举动。

关于异装癖形成的原因已有很多的探讨与研究，现归纳如下：(1) 幼年时家庭环境的不良影响：如父母为了填补心理上的缺憾，把孩子打扮成异性并给予更多的关爱。(2) 教育引导不当：有些父母把孩子当成异性来教育，使孩子在童年和青少年期缺乏正常的同性交往，逐渐养成异性化的气质性格。(3) 心理因素：有的人着异装与妻子同房时可以得到更多的性满足，这大概是异装解除了患者潜意识中对性生活的惧怕焦虑情绪。

异装癖的行为是多种多样的，但是大多数患者一经别人提醒，会有羞耻感，因此，唤起羞耻感是一种有效手段。一般是在看见患者穿异性服装后揭露其行为，然后开一个严肃的玩笑，使用心理学语言加以羞辱，使患者感到难堪，如此反复几次便可改善甚至纠正其病态行为。

一般来说，异装癖不会危害社会和他人。如果异装癖患者对家庭或社会造成了不良影响，就需治疗。方法主要有：让患者认识到该癖是由儿时不正确的影响所致，是可纠正的，绝非是天生的；在患者性交处于痴迷状态时，设法去掉他的异装，使他发现没有异装照样能达到性满足；实施某种疼痛性的刺激；嘲笑贬低异性的阴柔之美，欣赏赞美男装的阳刚之美。

异装癖早年起病，在儿童或青少年期出现异装癖迹象时，要及时采取防范措施，鼓励他们积极参加集体活动，培养其自信心，以减轻对自己性别期望的压力。到了成年，应鼓励他们建立异性恋爱关系并结婚，在妻子的帮助下，其异常行为可望得到控制和纠正。

5. 私处何以不私
——露阴癖

☞案例

王某，28岁，已婚，15岁时他染上了手淫，平均2~3天一次。2002年结婚，夫妻感情较好，但他不愿与妻子同房。后由于阳痿被其妻疏远，晚上常单独外出。他只要产生了性欲望就不可控制地到外边去，只有在外边他才能有快感。2006年7月的一天，高某从公共厕所出来，正好看见一位妇女从身边经过，他立即产生了性冲动，不由自主地露出自己的下身对着那妇女。10多天后，他在路上见到一位中年妇女，当时路上行人稀少，他又产生了性冲动。自此以后，只要他在人少偏僻的路段遇到年轻的女性就产生性冲动、露阴和手淫。有时对方看见后惊叫逃离，有时遭到对方唾骂，他不但不以此为耻，反而感到只有这样他才能获得性满足。不难看出，高某患的是典型的露阴癖。

☞解析

这是一个“露阴癖”的案例。所谓“露阴癖”也称为暴露癖，是指一个人在不适当的环境下在异性面前公开暴露自己的生殖器，引起异性紧张性情绪反应，从而获得性快感的一种性心理障碍。这是一种比较常见的性心理障碍，以男性患者居多，男女之比为14∶1。男性大多仅暴露生殖器，女性则显露乳房居多，也有少数暴露自己全身的。

露阴癖的发病年龄在17～54岁之间，易发年龄在25～35岁之间。其表现为患者常常在黄昏或不太暗的晚上，在街头巷尾、公园或电影院附近人不多的地方，或十分拥挤但又有机可乘的地方；也有在白天的时候，常常选择行驶的公共汽车，或站在住房的拐角、门洞等隐僻角落，当异性走近时突然暴露自己的性器官，使对方惊恐不定、羞辱难耐，或耻笑辱骂，患者则从中感到性的满足，然后迅速离去。有的还伴有其他行为，如在露阴的同时与对方说话，证明其生殖器是正常的；或大喊大叫，同时伴有手淫行为。

露阴癖患者一般没有性暴力行为，不直接侵犯女性身体，只是在对方的惊叫、厌恶和辱骂中获得性满足。

露阴癖患者大多性格内向、怕羞、胆怯，特别不善于与异性往来，多数伴有性功能障碍或对婚姻性生活不满意。他们对自己的“男性气概”感到怀疑、恐惧，因为害羞、自卑与缺乏自信，而不敢与异性做实际的接触，但又极欲证明自己的能力，于是就借助露阴以让对方“花容失色”来显示自己男性的能力，并作为性满足的唯一方式。

这种行为的发生一般认为起源于童年早期的性经历，如同龄男女小孩一起互相观看、抚摸生殖器取乐或小时喜欢裸体，或周围的人曾以他的阴茎逗乐等。心理分析学说认为，露阴行为的根源是幼年时期留下的阉割焦虑，小时发现女孩阴部与自己不同，以为被割去了，怕自己的也被割，这种恐惧留在潜意识之中，在成年后以露阴的行为来向女性证明自己阴茎没有被割；但这存在于无意识之中，自己意识不到。患者如果从露阴行为中所获得的愉快感受远远比性交强烈、更为刺激，也就乐此不疲了。其实这是心理退化或性心理不成熟的表现，身体和智力虽然发育成熟，但支配露阴行为的仍然是幼年的心理，如内心认为女性愿意观看并欣赏自己的行为，即使挨骂或受到指责，却仍以为女性是表面拒绝、内心同意。这些幼稚的想法和判断都和幼年的性经验有关。另外，露阴癖患者大都不善于与人交往，尤其在女性面前表现腼腆、拘谨，这种个性更使患者难以对付现实生活中的困难和性的压抑等，不自觉地再现幼年行为。

露阴癖患者的意识大都是清楚的，因此他们在事后往往很懊恼，特别是被人当做“流氓”抓起来后更是羞愧难当后悔不迭。但面对露阴冲动时，又难以控制自己，常常是冲动战胜理智，出现反复露阴行为的现象。一般来说，露阴癖的治疗效果与患者发作的次数和病史有关，首次行为即被发现并进行治疗和处罚的，其效果明显；行为次数越多，越难治疗。

从目前对露阴癖患者的治疗情况来看，心理治疗是最主要也是最有效的治疗方法，如引导患者认识到幼年的经历对人的影响是很大的，尽管随着年龄的增长，这些经历会被遗忘，但它并没有消失，成年后遇到严重心理困难无法解决或性欲无法满足时，可能会退到幼年期。但事实上，人已经长大了，要站在成年人的立场上，认识病态行为的本质，放弃儿童行为，用成年人的方式解决面临的困难。也可诱使患者在想象露阴行为的同时，给以恶性刺激，如用电流或橡皮圈等刺激手腕、皮肤乃至生殖器官，或肌肉注射催吐药使其呕吐，破坏患者病理条件反射，以强化抑制直到消退已建立的条件反射，这些一般适合于程度严重的患者。另外，对于轻度的露阴癖患者进行科学的性教育和努力培养健全的性格也是预防和治疗露阴行为的简单方法。

如何面对露阴癖者？由于露阴癖者少有攻击性和暴力倾向，很多人事后都会很后悔懊丧，但当时却难以自控。所以，遇到露阴者你根本不必惊慌。当遇到这样的男人时，不要尖叫，不要慌张，不要羞涩，不要生气，也不要责骂，因为你们的表情和反应就是他欲望满足的刺激。你越慌乱，他越得意；若无动于衷就等于完全瓦解了他的动机与目的。所以，你们需要平静对他说“嘿，你的裤子没有拉好。”或者无声离去。你无需去害怕他，因为他也许比你还要害怕。这不仅有助于制止他的露阴行为，而且你的建议也许对他的康复有指导作用。

6. 忍不住，就是要看——窥阴癖

☞案例

刘某是一位大学生，无性生活史。他来到性咨询门诊对医生讲，他经常产生强烈而无法抗拒的窥视女性性器官的要求。是一次偶然的机会使他从 13 岁时就产生了这种欲望，那时他从未关严的窗户缝看到邻居一位妙龄少女裸身洗浴，这使他产生了强烈的性兴奋。从这时起他开始了手淫，并从此在性兴奋时就会产生有关女性裸体和性器官的想象，他经常一边这样想象一边进行手淫。在 18 ~ 19 岁时，他窥视女性性器官的欲望发展得更加强烈。他开始在公共厕所挖洞，以便窥视脱下裤子的异性，并在这时进行手淫。他也想与这种欲望决裂，但这种欲望往往相当强烈的，以至于他一有机会就跑到市郊去，以便在那些简陋的公共厕所里有机会看到入厕的异性，以满足感官刺激和心理需要。

☞解析

上述案例无疑都是窥阴癖或窥淫癖患者。所谓窥阴癖，其主要表现为患者具有一种窥视别人性交或窥视异性裸体及性器官的病态欲望，这种欲望非常强烈，以致患者不能自持。窥阴癖也可称为窥淫癖。但窥阴癖和窥淫癖并不完全一样，窥阴癖属于窥私癖，而窥淫癖则是以偷窥或偷听别人性生活（性交或性爱抚）为主要满足手段。

实际上，许多男性和少数有性生活经验的女性也常有窥视异性裸体和性器官的欲望，这是一种正常的窥阴欲，特别是男性看到女性的裸体和性器官，会产生性兴奋，这属正常的性心理生理反应。然而，如果这种欲望过分强烈，以至于偷窥除自己配偶以外的异性裸体和性器官，包括偷窥别人亲昵、性交，不能被自己的思想意识所左右，不能被社会的行为规范所约束，甚至乐此不疲，同时却对自己正常的性亲昵和性生活毫无兴趣，这就不是正常的窥阴欲，而是病态的窥阴癖或窥淫癖了。

窥阴癖绝大多数是在男性中发生，也有少数女性。在少年儿童中，出于好奇心，偶尔偷看女孩生殖器的，不属于窥阴癖的范畴。

他们在强烈的性欲驱使之下，反复地、周期性地去窥视女人裸体情景，在窥视的当时进行手淫，达到性兴奋、性满足，有的在回忆窥视情景时独自手淫，获得性快感。如果克制这种欲望，不去窥视时，可产生强烈的焦虑不安，只得又千方百计寻找各种机会去窥视，他们冒险潜入女浴室、女厕所、女卧室或从人家房子的窗户中窥视等。被发现之后，常常名誉扫地，给自己的前途带来极其不利的影响。但是，往往欲罢不能，又屡改屡犯，病人自己也十分痛苦。

这种行为因为对于被窥视的对方没有直接的人身侵犯，对方常常根本不知道，一般是被其他人偶然发现的，但他所窥视的内容属于个人隐私，也是一种侵犯人权的、不道德的轻微违法行为。经常在被抓住之后，受到社会舆论谴责或者同时受到行政纪律处分。

大量的病例证实，窥阴癖以及其他不少性心理障碍的发生，都与患者在幼年时期受到的家庭教育和环境影响有关，特别是与他们最初的性体验、性感受有关。这是因为儿童的心理发育（包括性心理的发育）不成熟，思想不稳定，对许多事物缺乏分析、判断和正确认识的能力，对偶然发生的性体验和性感受会留下深刻的印象，有些可造成心理创伤，导致心理扭曲，乃至发展为性心理障碍。

窥阴癖患者主动求医的并不多，估计是对这种状态不了解，也可能由于难以启齿，不愿找医生谈出此事的关系。对于窥阴癖患者治疗，一般可采用心理矫正、行为治疗及药物对症综合治疗。认知治疗：首先应使病人树立正确的性道德和性观念，树立战胜疾病的信心。还要加强法制教育，加强自控能力，克服变态心理。行为治疗：使用厌恶治疗法，也可配合心理厌恶刺激形成厌恶条件反射。药物疗法：由于性变态病人常有强迫冲动，目前较理想的药物是氯丙咪嗪，应在医生指导下应用。转移兴趣：积极参加文体活动和适当的劳动锻炼，诱导回忆个人幼年性心理发展过程中所遇到的问题，进行现实的反省，从而纠正变态的心理。心理“升华”：鼓励性心理障碍的病人把变态的性兴趣转移到正常的活动中去，如把对女性性器官的特殊兴趣转向从事男性健美、造型、绘画上去。

7. 痛并快乐着
——施虐癖与受虐癖

☞案例

她是个漂亮、文静的姑娘，身边有不少追求者。但她却和其貌不扬、工作平平的他谈起恋爱并同居了。从此以后，她就经常“摔伤”，有时来上班也是一瘸一拐、鼻青脸肿的，严重影响工作。和她要好的一些小姐妹们都感到很奇怪，慢慢地，她们了解到他经常打她。小姐妹们十分气愤，说“瞧他那样，和他好就便宜他了，还敢打人。”说着要去找他算账。她却红着脸小声说：“我喜欢他那样。”原来，他每次亲热前都要将她衣服脱光、捆绑并用鞭子抽打，这样两个人才能得到满足。知道这样，小姐妹们也就无话可说了。以后她“摔伤”的次数越来越多，“摔”得也越来越重。终于她所在的公司因为她长期不能正常上班而将她辞退了。这时她也想，再这样下去也不是事儿。用她自己的话说，迟早要被他打死的。于是她离开了他，回到了生她养她的小县城。在母亲细心的呵护下，她的身体恢复了。不久，她就和一位一直暗恋她的中学同学结了婚，她丈夫对她百依百顺。可是婚后的她在性生活上总是得不到满足，每次性生活都没有激情。她求丈夫打她、咬她，只有这样才觉得能够兴奋起来，可是她丈夫却忍受不了她的这种怪癖。这段外人看来美满的婚姻仅仅维持了三个月就以失败而告终了。她对他的思念越来越强烈，终于不顾家人的劝阻，回到了他的怀抱。

☞解析

性施虐癖是指在性交前或同时，向性对象施加肉体上或精神上的痛苦，以获得性快感和引起性冲动（注意不是出于其他目的，也不是为了报复、好奇等）；性受虐癖则是指在性交前或同时要求性对象对自己施加肉体上或精神上的痛苦，以获得性快感和引起性冲动。严重性施虐癖患者损毁对象的性器官，甚至见血为快，以致杀害对象或碎尸，谓之“色情杀人狂”，国内外都曾报道过这样的案例。

性施虐癖和受虐癖患者不关注性交的过程，只有施虐和受虐。性施虐癖者以这种方式来增强性快感或作为性满足的唯一方式，患者绝大多数为男性。而性受虐癖者唯一关心的是作为痛苦结果的唤起，多见于女性，也见于男性同性恋者。通常他们的性功能低下，无法通过正常的性活动获得性满足。

一般来讲，很多夫妻在性生活时都有轻微的受虐和施虐的表现，往往在性高潮时（注，不是在性活动一开始就使用）都会出现得意忘形的举动，如咬、捏、抓，因为轻度的痛觉可以提高性快感，属调情行为，并不能视为变态。

性施虐癖和受虐癖可以单独存在，也可以并存。如果夫妻只一方是性施虐者，其配偶不是性受虐者，最终不会维持正常的家庭；反之，只一方是性受虐者，对方正常，同样无法维持正常的家庭生活。

关于性虐待癖的形成，专家们认为与这样几种因素有关：一是可能与童年生活经验有关。由于家庭教育环境中的某些因素，使儿童从小形成对性关系的错误认知定势。如无意窥见父母在卧室里的性生活，给他留下了深刻的记忆，进入青春期后，或从小说、影视节目中看到一些男女做爱的描写，更唤起了童年的记忆，这种认知与态度定势终于发展为性虐待癖。二是出于对权威的反抗和对挫折的自我防卫。有的人在个人生活经历中受到过他人的欺凌打击，尤其是遭受过异性的拒绝、侮辱，因而形成强烈的报复与反抗心理，借在异性身上施虐而显示自己的力量与征服，从中获得快感。三是出于对过度自卑感的补偿，他们认为在控制和伤害异性的过程中自己的优越感似乎就能得到显现与证明。而性受虐癖的女患者是企图通过这种象征“惩罚”的行为方式，来克服或抵消本人在性方面的罪恶感情。

对于性施虐癖和性受虐癖的治疗一般采取支持性谈话疗法，对患者采取解释和教育，使其明确认识自己的心理异常或变态。下定决心去克服和矫正自己的异常观念和行为。同时还可运用厌恶疗法，让施虐癖者和受虐癖者观看有关性虐待的电影或录像节目，当他们产生性兴奋和快感时，即给予厌恶刺激，逐步减弱与性虐待相联系的变态性兴奋，以至最后消除之。

由于施虐癖和受虐癖的变态行为常造成伤害，所以常常触犯社会道德和法律。某些施虐癖者，可发展成为施虐杀人狂。所以加强法制教育，使这些人明确了解自己行为的法律后果是必要的，同时也有助于暂时抑制与虐待相联系的性冲动。但更重要的是重视童年教育和家庭环境影响，家里成人在幼儿面前言行举止要检点，防止孩子自幼形成错误的性观念和性欲倒错及早消除不良人格的萌芽。在孩子进入青春期后，家长应以适当方式告诉孩子，怎样与异性健康地交往，怎样建立正常的异性友谊和感情，并向他们推荐合适的性知识读物，帮助他们了解正常的性生理功能、心理需要及为社会认可的需要满足途径。

8．摩擦中的诱惑
——摩擦癖

☞案例

他从小生活在仅有母亲的单亲家庭中，受母亲严格管教。因父母婚姻不幸，对性生活产生明显反感，性格孤僻，不与同龄女子接触。成年后其他情况良好，智力健全，但仍回避与异性接触，有明显害羞反应、后通过在公共汽车上与陌生异性拥挤产生性兴奋与性快感，转而变为喜欢摩擦异性。于是他放弃骑自行车，而长期坐公共汽车，最后终因“流氓”行为被扭送派出所。这小伙子为何喜欢在拥挤场所摩擦异性呢？他是有病还是犯罪？

☞解析

上述案例中的行为在心理学上称之为摩擦癖，它是指习惯性和经常性地通过接触或摩擦异性身体而获得快感的一种性心理障碍。此种心理障碍患者主要为男性，由于通常在拥挤场合发生，故也称“挤恋”。

摩擦癖患者常在行动前对自己的衣着和面部进行修饰，其摩擦对象多为年轻并相貌佼好者，而且是不认识的异性；没有与摩擦对象性交的要求；场地多为拥挤而且不容易抓获的地方，如商场、电影院、公共汽车上等。当被摩擦的对象有明显的反应时，患者通常会中止有关行为，并且装出一付若无其事的样子。但是，如果对方默然避开或默许，常常又会继续有关行为。患者摩擦的部位多为生殖器区，也有以手或肘及其他部位作为主要摩擦部位的，受害者被触摸摩擦的部位多为手臂、乳房、臀部、会阴部及腿部等地方。大多数情况下是隔衣进行接触摩擦。不少患者在行为中有性高潮出现，即射精。患者大多有反复发作的情况，但难从过失犯罪中吸取教训，往往是冲动战胜理智，因此有屡教不改的倾向。

摩擦癖患者与一般的流氓是有区别的。首先，摩擦癖患者在工作、学习及其他行为方面通常都表现良好，无任何劣迹，而流氓一般都有其他劣迹；其次，摩擦癖患者选择的地点是拥挤的公共场所，选择的对象是不相识的异性，并尽量避免让对方知道。而流氓选择的地点多为私下或隐蔽的场所，对象多为认识的异性，很少选择完全陌生的人，也不怕对方知道。再次，摩擦癖患者仅在触摸挤擦的过程中就可获得性满足甚至出现性高潮，而流氓在这一过程中一般不可能出现性高潮，往往有进一步的攻击行为。

摩擦癖产生的原因迄今不明，有一种解释认为实际上这是一种对自己性能力缺乏信心的摩擦癖患者的手淫方式，借摩擦异性身体作为性唤起的工具，每一次成功就是一种强化。另有解释说患者在儿童期生活中偶然发现自己的身体与异性身体接触能产生性快感后，并以条件反射机制固定下来而形成的，成年后仍用儿童式的性行为来获得性快感性满足，以致发展成摩擦癖患者。

对摩擦癖患者的治疗主要采用心理治疗的方法，常见的方法有：认知领悟疗法引导患者仔细回忆自己的成长过程，特别是儿童期有关性方面的经历，从中找出导致摩擦癖行为产生的根源，并向患者进行解释分析，这种行为是儿童式的行为，是用儿童期的方式来宣泄成年的性欲，使患者对自己的病症有一个正确的认识，然后努力克服。支持疗法。即通过心理咨询，施治者与求治者建立良好的医患关系，在精神上给予求治者关心和支持，使求治者树立起治愈摩擦癖的信心，以积极主动的态度面对现实，配合治疗。同时，施治者还与求治者一起讨论摩擦癖行为的本质和特点以及治疗的方法。这是一种一般性治疗方法，是一种较好的辅助疗法，在患者的治疗、恢复、巩固阶段都可使用。

对摩擦癖患者的治疗，除用上述方法外，还可使用精神分析疗法、系统脱敏疗法、厌恶疗法、结婚疗法、药物治疗等方法。

五、他们与众不同

——人格障碍漫谈

人格是什么

大千世界，无奇不有。芸芸众生中，有的人极端自私、残忍，置别人的幸福于不顾；有的人对周围人极不信任，习惯将别人的满腔热忱看成恶意；有的人每遇小事必大惊小怪，凡事必以自我为中心，拼命引起别人的注意；还有的人，每做一件事，必强求十全十美，害怕任何变动，甚至弄得惶惶不可终日……这些人，只要我们留心观察，生活中是不难发现的。毫不夸张地说，我们每个人都有自己独特的个性特点。医学及心理学把每个人心理特点的总和称为人格。人格的内容，一般认为包括个人的能力、气质、兴趣、爱好、性格、倾向性等。通常的观点是，人格是在生理素质的基础上，通过社会、文化等因素的作用而形成的。应该注意的是，对于人格的定义，不同的领域有不同的解释。如我们常说的“要保持人格的尊严”，其中的“人格”就不符合上面的解释，其含义有二：一是指个人的道德品质修养水平；二是指人能作为权利、义务主体的资格。这是哲学、伦理学上的解释。

人格最重要的特征，可从气质和性格两方面表现出来。通俗地讲，如果有两个相对应的人格特点，可按社会标准区分出优劣，就可视为性格特点，如自私和利他；相反，如果两个相对应的人格特点，各有利弊，难分高低，便可认为是气质特点，如我们说的急性子和慢性子等。不过，在实际工作中，这两方面常常难以截然分开。对于人格的类型，有各种各样的分类方法。我们说某个人的人格归于哪一类，即是指这个人在学习、生活、工作中，以何种态度和方式去对待社会，对待自己，对待别人及对待劳动，并且，也标示了某个人心理活动的动力特点（如前述的急性子和慢性子）。

必须指出的是，尽管人格特征有各种各样的类型，但就其总体而言，并无高低优劣之分。比如，开朗灵活、好说好唱的人适合于搞文艺、做社交；而文静沉默、谨慎执着的人就适合于做学问、搞科学。每一种典型的人格特点都有其长处和短处，应该发挥其长处，避开其短处，即所谓“扬长避短”，才能充分地发挥一个人的能力。因此，很难说某一种类型的人就绝对地比另一种人强。况且，不少人的人格特征是处于混合状态，即属于中间型。他们在不同时期、不同场合，可以有不同的人格表现。

偏离则有害

在这个世界上，千人千面。我们不可能期望有一种标准人格的出现。尽管，有许多心理学家试图罗列出健全人格的诸要素，但那最多只可作为一种理想，或者说其理论上的意义更大于现实意义。为简略起见，我们不妨将健全人格的标准分为两方面。一方面，人格健康者的行为、活动，对于其所处的时代、环境等来说，不会为大多数人所反对；另一方面，从自己内心体验来说，不存在由于人格特点而产生的持久痛苦。与上述两条中任意一条相抵触的，大概其人格就有些问题了，在精神病学上称之为“人格障碍”。德国著名的精神病学家施奈德将人格障碍定义为：人格障碍是一种人格异常，由于其人格的异常而妨碍其人际关系，甚至会给社会造成危害，或者给本人带来痛苦。我们认为，这一定义言简意赅。

人格障碍问题，历来受到哲学、社会学、心理学、文学、医学等学科的重视，并被广泛加以研究，近些年来更成为关注的热点。据文献记载，第一例有记载的人格障碍者是大约200年前由一位法国人描述的。这个人格障碍者是一位男性，性情极为暴躁，有一女性，只因言语不慎触怒了他，便被他怒而投入井内。据记载，小时候，其母对他有求必应，稍不遂愿，他便会大喊大骂。长大后，此人专横跋扈，连家犬稍不如其意，也要被其活活踢死。现在看来，这个病人很可能是位“反社会性人格障碍”者。

临床上发现的人格障碍者，大多有下述几个特点：①一般于早年即有不同于大多数儿童的表现迹象，乃至青春期前后，畸形开始明显化；②人格明显偏离正常限度，且各人格特点间互不协调；③社会适应不良或和内心痛苦；④矫正比较困难。在一般科普宣传中，有相当一部分人误将人格异常当成人格障碍，这一观念应该纠正。在统计学上，凡是某一人格特征与人群中的人相异者，便可被视为“异常”。但是，这里的“异常”对于评定该人是否有人格障碍无任何价值。如某些超智商儿童（神童），对于普通人群来说，是异乎寻常的；某些科学家，一心扑在事业上，对外界事物一概不闻不问，也可以说是异常。并且，上述两种情况属于变态心理学研究内容。但我们认为，他们均无人格障碍，因为，他们的异常对社会有利，且一般并不至于使人际关系受到妨害；他们的内心并不因此而产生持久的痛苦。基于此，用“人格异常”来等同于“人格障碍”是不恰当的。

据统计，人格障碍者约占全人口的1%，因此并不少见。为了对人格障碍有更清楚的认识，我们将其分成若干类型进行描述。然而，在实际生活中，像以下所描述的那样典型的并不多，而多见的是不典型的、很不典型的，甚至是几种类型的中间过渡形式或混合形式。亦即某个人各种行为及内心体验模式特点的综合。

形形色色的人格障碍

人格障碍既是一种特定形态的个性，可以想见它几乎会对我们生活的各方面造成广泛的影响，因为我们所有的行为举止，均可被视为个性的表达，就好像聆听一首曲子，虽然曲子中会听到不同的乐器在演奏，但它具有的基调（个性）都显现在每一个音符、每一种乐器演奏中。再者，人格障碍因为是“个性”的一种，所以它发生的时间就在生命前期，通常个性的定型期就是它形成的时间（青春期或成年早期）。因此只要我们对初中时期或高中初期的学生仔细观察，就可能注意到那些正在发展成人格障碍的人。

人格障碍的类型有哪些？在精神医学上区分为三群，共十种性格类型，也就是十种人格障碍诊断标准，具体如下：A 群人格障碍：这一群人通常在人际关系的表现上是退缩的、自我中心的；情绪的反应上是冷淡的；对外界的人和事物常是多疑的，而且在思考内容及一些想法上不容易被人所理解。又可细分为三种：偏执型、分裂样型、分裂型。B 群人格障碍：这一群人的个性被描述为戏剧化的、情绪的起伏相当大而且频繁、一直在寻求被别人的关注，并经常陷入人际的冲突里。此群有四种：反社会型、边缘型、表演型、自恋型。C 群人格障碍：这一群人的特征则是以焦虑紧张为主。分为三种：回避型、依赖型、强迫型。下面给您介绍一种 B 群人格倾向的自测方法。

B群人格倾向自测

每个人一生下来就不是十全十美的，总是会有一些人格倾向的存在，可是你会有怎样的人格倾向呢？做个测验，帮你找找答案，也提供一些简易的解决方法。也许你的表现只是轻微不严重，适时加以解决，也可以让自己的心理更健康。如果真的很严重，还是必须请教专业的心理医生做长期追踪治疗。

测验开始：请将每一题得到的●加起来，再与最后的结果对照。

（1）你平常的作息是否十分不正常？

①很正常，因为工作或上课的关系 ●

②不是很正常，早上需要闹钟叫醒 ●●●

③非常不正常，睡觉时间常常颠倒 ●●●●●

（2）在朋友面前你是否常过度吹嘘自己的能力？

①不多，让别人慢慢来了解自己 ●

②在有好感的人面前可能就会这样 ●●●

③常常会这样，也不知道怎么改才行 ●●●●●

（3）你平时是否有暴饮暴食的习惯？

①很少，三餐还算规律 ●

②不会，不过三餐时间有时不固定 ●●●

③会，看完电视美食节目就想大吃一顿 ●●●●●

（4）你喜不喜欢被人约束的感觉？

①还好，只要合理都可以接受 ●

②不喜欢，可能会想反抗 ●●●

③不喜欢，可能直接撕破脸走人 ●●●●●

(5) 跟朋友相处你常有怎样的困扰?

①朋友很少，大家对我好像也不怎么友善 ●

②很难有知心朋友可以倾吐心事 ●●●

③感觉在团体中都是自己配合别人 ●●●●●

(6) 看到朋友在一旁议论纷纷，你会有怎样的反应?

①应该不关我的事吧? 不管他 ●

②很好奇，会凑过去了解情况 ●●●

③怀疑会不会是在讲我的坏话? ●●●●●

(7) 最受不了什么类型的朋友?

①自私自利，一毛不拔的朋友 ●

②死不认错，又爱推卸责任的朋友 ●●●

③情绪相当不稳定的朋友 ●●●●●

(8) 遇到有好感的人，你通常会有怎样的反应?

①跟踪他，调查他的所有一切 ●

②制造巧合偶遇，增加见面的机会 ●●●

③会在心理幻想他是自己的男/女朋友 ●●●●●

(9) 假如已经有了另一半，允不允许自己有出轨的可能?

①可能，保留自己谈恋爱交朋友的权利 ●

②会去认识他，做做朋友应该没关系 ●●●

③只可能心动，绝不可能有任何发展 ●●●●●

(10) 想到什么会令你最控制不住自己的情绪?

①工作或课业上的压力 ●

②人际关系产生的压力 ●●●

③感情问题产生的压力 ●●●●●

20个●：你容易有“反社会型人格”

反社会型人格特质的人很容易对现状产生不满，生活中难免的小摩擦或是不如意都会让你抱怨连连，仿佛全世界都对不起你一样。感觉“处处碰壁”的你很容易情绪不稳定，你也很难克制自己一时的冲动，也很难有热忱长期去从事同一件工作。

建议：当有不如意时，就适时换个环境，转换并缓和一下起伏的心情。

21～30个●：你容易有“边缘型人格”

边缘型人格特质的人好恶相当明显，对喜欢的人或事物可以紧抓着死缠不放，对不喜欢的人或事物，则是极端厌恶，甚至展开毁灭性报复。尤其是自己得不到的东西，更可能由爱生恨，想尽办法去毁了他。所以你也是情杀事件的高危险群。

建议：感觉自己想法和旁人迥异时，就静下心来，思考并询问对方为何有如此想法。

31～40个●：你容易有“表演型人格”

表演型人格特质型的人喜欢享受掌声，害怕寂寞。也非常在意旁人对他的意见和想法。他喜欢尽其所能地去表现自己，也喜欢站在领导地位，对他人有支配欲，容易对人颐指气使。有时过于依赖自己的想法去左右他人，常得罪朋友而不自知。

建议：充实自我的专业技能，自可相得益彰，旁人对你也会由衷地心服口服。

超过40个●：你容易有“自恋型人格”

自恋型人格特质的人非常以自我为中心，旁人甚至包括情人都只算是红花绿叶，是他的陪衬点缀，很难有对等关系的存在。在自我优越感的意识作祟下，他讲话自然高姿态，对任何东西都喜欢指指点点，也无法忍受旁人对他权威的挑战。

建议：自恋无可厚非，可以多点自我解嘲式的幽默。记得尊重他人才有可能双赢。

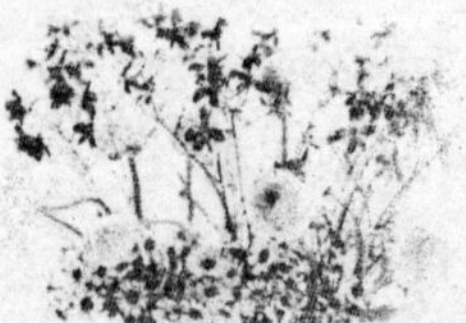

1. 不相信人的人
——偏执型人格障碍

☞案例

某男，25 岁，自述：当我 18 岁时，我是高中三年级学生。我的学习成绩相当好。平常，我虽然常与人交往，也很喜欢与同学交谈，但我总觉得他们嫉妒我的才能，总是用一种异样的目光看我，他们也常常否定是在嫉妒我，但我觉得他们说的不是真话，是在为自己辩解。有的人因此不主动亲近我，这说明了什么呢？还不是嫉妒我的才能。还有，那时我爱顶撞班主任，我觉得他的想法明明是错误的，反而说我是错的，你看多可笑。我一向我行我素，说话办事全凭个人意愿，因为我具有比他们更强的能力和智慧。当然，有时结果不理想，但那并不是因为我的能力存在什么问题，而是客观原因造成的。我才不管别人的喜怒哀乐。我认为我在他们的眼中属于人见人恨的那种人。他们也一定认为我思想简单，好欺负。后来我就懒得与他们交往了，我更乐于自己独处。但我对别人的怀疑却丝毫没有减少。

在读书时，我对任何人、包括班里任何同学，甚至自己的父亲，不管他们做什么事，说什么话，我都从心里怀疑。我为什么要信任他们呢？如果信任他们，说不定哪天他们就会利用我的信任加害于我。这不是，最近我就被人利用了，可以说是毫无理由的，我被调离机关去一个下属公司当了一名普通工作人员。为什么要调离我？我断定有人搞鬼，他们肯定嫉妒我的才干，为此我感到愤愤不平，我觉得领导这样对我实在是很不公平。机关领导说我一直搞不好同事关系，给我安排的工作我的异议总是很多。我为什么要理那些人呢？我已给上级部门写信，直述了我所蒙受的耻辱，并且直述了我对那个领导的看法，我非把他搞垮不可。我女朋友还不让我这样做呢！她劝我算了，我不听，她就说我有病，我有什么问题，我看是她变心了。我一直都注意到，她每次来单位，看我的那位领导的眼睛都很特殊。如果他们俩真有什么，我就要与他们没完。

☞**解析**

偏执型人格障碍又叫妄想型人格。这类人的主要特点为怀疑别人，无法相信别人，总是认为别人存心不良，怀疑别人不忠心，善于嫉妒，且惯于责备别人，归罪别人，不易于承认自己的错误，处处提防别人。再者，对事极度敏感，易于把小事变成大事，采取攻击态度以防备他人，无法使自己轻松。在感情上显得冷漠、没人情、缺乏温柔的感情，无法表现幽默。由于这种人格的特点，个人易与别人产生摩擦，在工作上难与上司相处，与同事亦合不来，大家常对他敬而远之。偏执型人格障碍者中以男性较多见，且以胆汁质或外向型性格的人居多。

偏执型人格大都形成于青少年时期，其主要原因是某些儿童受到家长无原则地迁就与宠爱，他们在百依百顺的家庭环境中听惯了家长的肯定与客人的颂扬，习惯于以自我中心主义的眼光来看待周围的人与事，成为家庭中的“小皇帝”，缺乏正确的自我评价和社会评价，即使明知错了，也由于家长的庇护和宽容，以及自己爱面子的虚荣心，不愿或缺乏改正缺点的勇气。在这种环境中孩子养成倔犟、固执和自以为是等性格弱点。

由于在日后的社会生活中，社会环境根本不可能像娇生惯养的家庭环境那样随心所欲，不可避免地会遇到很多不顺心的事或挫折，这些性格弱点就很容易发展成为偏执型人格。

由于偏执型人格障碍患者易对他人和周围环境充满敌意和不信任感，可采取以下训练方法，来克服敌意对抗心理。

(1) 经常提醒自己不要陷于“敌对心理”的漩涡中。事先自我提醒和警告，待人处世时注意纠正，这样会明显减轻敌意心理和强烈的情绪反应。

(2) 要懂得只有尊重别人，才能得到别人尊重的基本道理。要学会对那些帮助过你的人说感谢的话，心存感激而不要不疼不痒地说一声“谢谢”，更不能不理不睬。

(3) 要学会向你认识的所有人微笑。可能开始时你很不习惯，做得不自然，但必须这样做，而且努力去做好。

(4) 要在生活中学会忍让和有耐心。生活在复杂的大千世界中，冲突纠纷和摩擦是难免的，这时必须忍让和克制，不能让敌对的怒火烧得自己晕头转向，肝火旺旺。

除了上述训练方法克服敌意对抗心理外，还有两种方法消除偏执人格。

一是学会自我暗示调节法来逐渐消除偏执型人格障碍的异常人格特征。如默念“一个人固执多疑，不利于和他人来往，因为固执多疑，就会听不进他人的任何意见，只相信自己，就会使他人感到自己难以商量；因为固执多疑，即使自己的意见是正确的，也会使他人在情感上难以接受，就有可能从反面去理解而造成误会。自己一定要改掉固执多疑的缺点，要谦和，要心平气和地表达自己的观点，要积极地去理解他人的意见。多听听他人的意见，对自己总是有帮助的，有些意见是自己苦思不得其解的，不要总认为自己比他人能干，要知道天外有天、人外有人，自己千万不要高傲自大，不要轻视他人的意见，而要向他们学习，同时也要相信他们，整天与自己过不去的人不会总是有的，自己不要整天去怀疑有人在搞鬼，不要轻易地去怀疑他们，否则，会给自己带来无穷的烦恼。因此，自己一定要用宽容的态度对待他人，相信他们也会这样对待自己。如果有时间的话，每天最好都能这样默念一次，坚持一段时间，偏执型人格障碍的许多异常人格特征就会得到缓解，甚至会有明显的改善。

二是学会用自我分析法分析自己的一些非理性的观念，以逐步消除偏执型人格障碍的异常人格特征。例如每当自己出现对他人有敌意的观念时，患者就要分析一下自己是不是卷入了“敌对心理”的漩涡之中。又例如每当自己出现对他人有不信任的想法时，患者就要分析一下自己是不是卷入了“信任危机”之中。如果是，自己就要提醒和警告自己，不要再沉溺于“自我信任”之中了。要知道世界上除了坏人还存在着好人、朋友，对好人、朋友应该持信任的态度。通过这种自我分析非理性观念的方法，可以阻止患者的偏执行为。有时患者自己不知不觉地表现了偏执行为，事后应抓紧分析当时的想法，找出当时的非理性观念，然后再加以改造，以防下次再犯。

2. 自筑藩篱的人
——分裂样人格障碍

☞**案例**

他总是沉默不语，独来独往是他的特征，微笑无言是他的记号。即使已经开学了一个月，即使已经升到了高二，班上跟他说过话的人还是用指头就能够数出来，甚至不必用到两只手，一只手的手指头就够了。不知谁给了他一个称号：“影子”。这个称号道尽了大家心中对他的感受——他几乎就像个影子一样，老是在那里，一个人思索什么东西，问他他也说不出来，但他就是在那边继续思索。思索些什么呢？曾经有人好奇地问他，他只是淡淡地说：“一些宇宙人生的道理。”不主动跟别人讲话，不主动参与大家的活动，但也从不拒绝集体活动。曾经有人硬是想要跟他谈话，还大大咧咧地坐在他面前，跟他聊起了家里的事情，他起先有点惊慌，不知所措，直觉反应就是想躲起来；后来发现其他同学也站在他旁边，正等着他的回复，他意识到自己似乎并不容易轻易躲起来。这时，他顿了顿，轻描淡写地回答了对方的问题：“下课后，回家，吃饭，看点书，睡觉”。这样的回答完全没有办法满足听众的好奇心。大家起哄起来，想要他多说点什么。但他讲来讲去，老是同样的这几句话。后来，大家开始意兴阑珊，纷纷离去。最后剩下他一人还坐在那里。他似乎也不以为意，神情自若地保持原姿势继续坐在那边。也不见难过、兴奋、愤怒、或是悲伤的情绪。似乎，患者喜欢活在自己的内心世界，也不喜欢别人打扰。他要一个人慢慢去体验。后来，大家都了解了他的这种个性，也就慢慢适应了。他在班上既不会作怪，也不会捣蛋，更是从来没有惹过麻烦，该做的工作他还是做了，所以别人也不能说他怎样。他不过是少朋友、特立独行罢了。

他的父母跟其他人一样，起初对于他的状况很担心，担心他是不是自闭症、智能低下，或者是什么奇怪的疾病。但是从他的学业功课来看，也都在中等以上，学校的生活、校规也都能遵守。父母就不知道该怎么向人求援。

☞解析

上述案例中的“他”是一典型分裂样人格障碍患者。分裂样人格障碍是日常生活中和医学心理咨询门诊中比较常见的人格障碍。这一类型的人的主要特点为缺乏对别人温和、柔软的感情；不关心别人对他的批评或鼓励，也不在乎别人对他的感觉，只有极少数的亲密朋友，有时只与家人来往，几乎没有朋友、没有社交，表现社会交往障碍。在旁人看来，他显得冷漠、孤单、且自大超然。对要动感情的事情尽量躲得远远的，保持漠不关心的态度，故又称为孤独型人格异常。这类人的性欲淡漠也颇为突出，他们可称“不近女色”的模范。他们内心世界极其广阔，常常想入非非，但常常缺乏相应的情感内容，缺乏进取心。他们总是以冷漠无情来应付环境，以“眼不见为净”的方式逃避现实，但他们这种与世无争的外表不能压抑内心的焦虑和敌意的痛苦。

分裂样人格障碍的人可以适应人少的工作，如图书馆书库、山地农场林场的工作等，他们更容易从事宗教和过隐居生活，但很难适应人员众多的场合和需要交际的工作。

分裂样人格很容易让人联想起另一个词：精神分裂症。一般认为，分裂样人格容易诱发精神分裂症，但一直没有令人信服的证明。有些学者研究表明多数精神分裂症患者病前有分裂样人格，而另一些学者的研究发现，对分裂样人格患者持续观察15～20年后，极少有变为精神分裂症的。

分裂样人格障碍的形成一般与人的早期心理发展有很大关系。人类个体出生以后，有很长一段时间不能独立，需要父母亲的照顾，在这个过程中，儿童与父母的关系占重要地位，儿童就是在与父母的关系中建立自己早期人格的。在成长过程中，尽管每个儿童不免要受到一些指责，但只要他感觉到周围有人爱他，就不会产生心理上的偏差。但如果终日不断被骂、被批评，得不到父母的爱，儿童就会觉得自己毫无价值。更进一步，如果父母对子女不公正，就会使儿童是非观念不稳定，产生心理上的焦虑和敌对情绪，有些儿童因此而分离、独立、逃避与父母身体和情感的接触，进而逃避与其他人和事物的接触，这样就极易形成分裂样人格。

长期的观察发现，这类患者转变成精神分裂症或躁郁症的几率并不会很高，所以倒也无须特别担心。患者需要的不是药物的治疗，而是一个妥善的照顾环境，与能够谅解他、接受他的亲友的支持。在帮助这样的患者时，最需要注意的是，患者并无能力给予你的关怀太多的反应，所以，你很有可能会有“一张热脸贴到冷屁股”上的感觉。无须气馁！这不是患者所期望的。事实上，许多患者在内心都会感谢其他人给予的帮助，也都很清楚别人对他的善意，他只是无法用足够强烈的言语或情绪来回报给其他人而已。

部分患者在长期的生活中，可能会因为社会适应障碍而造成抑郁的现象，也可能会有焦虑的现象。无论是抑郁、焦虑，都是以症状治疗为主。抗抑郁剂可以治疗抑郁症状；抗焦虑剂可以治疗焦虑现象。

倘若有人可以与患者建立他可以信任的关系，那么，也许借着这种关系，就能改变患者的社交技巧。患者的人格并不容易改变，但通过社交技巧的提升，他与这个社会的契合度将会提升，也间接减低别人与他自己的痛苦。这是治疗分裂样人格障碍的目标。

3. 生活中的怪人
——分裂型人格障碍

☞**案例**

某男，23岁，某大学哲学系本科二年级学生。进大学两年以来，虽然与同学同住一宿舍这么长时间，但从不和宿舍同学一起聊天、谈话，也很少见有同学、老乡来找他，因此，同学们都背后戏称他为“怪人”。

他终日离群独处，冥思苦想，偶尔交谈亦不能与人合拍。说的竟是些“玄论”，令人莫名其妙。比如他说目前世界上的三大宗教都存在缺陷，他要发明一种新的宗教来取代它们，为此缺课、逃课，来写他的宗教理论。他学习成绩不错，但性格孤僻，对人冷漠，又很怕羞，敏感。从不肯在公众场合出头露面，也没有什么知心朋友。在一段时期里，他突然着迷于气功，经常不上课，外出找什么“气功大师”传授功法，回来后早晚面壁练功，搅得同学们都非常反感，劝也不听，止也不住。他一味我行我素，行为奇怪，简直像个“外星人”似的。当学生尚且如此，工作以后怎能适应社会？同学们都为他着急，他到底怎么了？

☞解析

有这类型人格障碍的患者，表现出各种奇异的思考、知觉、言谈或行为，虽不属精神分裂症，但有此类人格障碍患者的家属常有患慢性精神分裂症者，可能有遗传上的关系，故称之分裂型人格障碍患者。分裂型人格障碍患者常见于那些学习落后、工作成绩小、在群体中地位低下的人身上，女性多于男性。有些人可能保持终身，其中部分人的分裂型人格可能成为精神分裂症的病态人格基础，以至发展成为精神分裂症。但分裂型人格还不是真正的精神病，它不伴随出现病理性幻觉、妄想、情感淡漠、思维与行为紊乱等精神分裂症的特殊症状。这类型的人主要特点为表现有魔术性思考、迷信、奇异幻想或观念；认为有第六感等特别知觉能力；谈话有点奇异、抽象、玄妙；少与人发生亲密人际关系，常被人称为怪人、奇人等。

如果诊断分裂型人格障碍必须符合下述项目中的 3 项就可：①奇异的信念和想法，或与文化背景不一致的行为，如相信透视力，心灵感应；②奇怪的、反常的或特别的行为或外貌，如服饰奇特，不修边幅，行为不合时宜，不符合习俗或目的不明确。③怪异言语，如离题，用词不妥，繁简失当，表达意思不清楚；④不寻常的知觉体验，如幻觉，看见不存在的人；⑤对人冷淡，甚至对家族亲人也冷淡，缺少对他人的温暖与体贴；⑥表情淡漠，也缺乏强烈或生动的情感；⑦几乎是单独活动，主动与人交往仅限于生活或工作中必需的接触，除主要亲属外无亲密朋友或知己。

导致分裂型人格的主要原因是个体不能适应环境。有分裂型人格的人在青少年时期一般都有较强的自尊心和进取心，但由于各种原因使他们经常遭受挫折、失败、屈辱或落后，尊重需要长期得不到满足，因而自卑、怯懦、胆小等特点逐渐发展、强化和巩固下来，成为他身上稳定的人格特征。例如，好高骛远，能力不足，或缺乏合作经验，因而遭受挫折；缺乏机会，与他人合作不好，人际关系不融洽，因而很少获得成功；经常受到家长过分苛责和打骂、教师或上级过分严厉的批评指责、他人当众羞辱等，都会严重伤害他们的自尊心；受环境压抑或社会观念影响，承认自己天资不如人，或时运不济并以此来解释自己的处境，聊以自慰。其结果必然助长自卑心理；性格内向，不好交往，使他们不了解周围的人，别人也不了解他，难以得到他人同情、谅解和帮助。于是自卑、怯懦、胆小和内向等人格特征更加强化巩固。

分裂型人格常从童年期形成起就维持一生，很少改变，而且各种表现比较稳定，不易发生衰退。迄今无特殊药物治疗这种病态人格。不过有分裂型人格障碍的患者智力尚属良好，有的人还能获得杰出成就，中外一些艺术家、哲学家和自然科学家就有人属分裂型人格。因此，有这种人格症状的人不要自卑，要勇于承认自己的人格缺陷，注意多与他人接触，不要老是担心会被人耻笑或误解；要尽量轻松愉快地与人谈话、交往，在与人交往中跟他人相互了解，争取得到他人的理解和帮助，用友谊来取代孤独。要相信别人由于你给予他的帮助而称赞你，这将帮助你摆脱和克服自卑、怯懦，增强成功感和自信心。

4·生活中的演员
——表演型人格障碍

☞案例

李某，男，26岁，已婚。病人于13年前因为不明原因逐渐表现爱模仿戏装演员的动作，身着戏装或其姐的红毛衣，头扎鲜花，抹口红，打扮自己，行为举止女性化。同时容易发脾气，自己的愿望如不能得到满足，就烦躁，甚至打人；变得非常自私，把家里电视机和洗衣机搬至自己的房间，不许别人使用，并常紧锁门户，防止他人进入；爱听表扬的话，与人谈话时，总想让别人谈及自己如何有能力，亲戚如何有地位，自己外貌如何出众等，如果别人谈及别的话题，病人常常千方百计地将话题转向自己，而对别人的讲话内容则心不在焉。因此病人常与家庭地位、经济情况、个人外貌等不如他的人交往，而对强于他的人常常无端诋毁。病人常常感情用事，以自己高兴与否判断事物的对错和人的好坏，对别人善意的批评，即使很婉转，也不能虚心接受，不但不领情，还仇视别人，迫使别人不得不远离他。因此许多人说他不知好歹。与别人争论问题时，总要占上风，即使自己理亏，也要编造谎言，设法说服别人。病人常到火车站站口或公共汽车上帮助检票、售票。有时对人过分热情，但若别人稍违于他，就与别人吵架，从而导致关系破裂，几乎无亲密朋友。近几年来，与人发生纠纷次数有所增加，给家庭带来许多麻烦。

☞**解析**

李某是典型的表演型人格障碍，所谓表演型人格障碍又称癔症型人格障碍或寻求注意型人格障碍，或心理幼稚型人格障碍。从这些同义术语的字面含义中即可看出，此型人格障碍以人格的过分感情化，以夸张言行吸引他人注意力及人格不成熟为主要特征。国外报道本病在成人人群中的患病率为 2.2%，女性高于男性 2 倍。本病的病因主要是幼年创伤性体验、家庭因素、文化影响等。较多发生于少年期后阶段，随着年龄的增长，人格逐渐趋向成熟，至中年达到明显缓解。

这类型人格障碍的主要特点在于行为表现戏剧化、善变、做作，且有浓厚强烈的情绪反应。常为了一点小事就表现得很高兴或生气，甚至大发脾气，希望引起他人注意关心，并喜欢有兴奋的事发生。在别人看来，这种人他做事有点装腔作势，很表面化，缺少真情，要求过多，自我中心，依赖性很大，常需别人的保证与支持，有挑逗、诱惑异性的倾向，但也善于玩弄、威胁他人，较多见于女性。

表演型人格障碍的患者之所以会呈现这样的性格，可能的解释是，患者内心深处有自卑的情结在作祟。患者缺乏自信，不能自我肯定，所以随时渴望得到别人的赞美。为了得到别人的赞美，患者只好拼命演出一场又一场精彩绝伦的戏，只有在戏中，“灰姑娘”才有机会成为患者渴望成为的“大明星”。患者多半不清楚自己的肤浅、情绪化与渴求注意倾向，也不了解自己的人格特质很容易让别人尴尬、厌烦或不知所措。患者可能因为自己无法与别人——尤其是同性建立深刻关系而感到痛苦。患者也常因热情耗尽而感到空虚。因此，治疗方面主要是以心理治疗为主，目的是让患者先对自己的人格特质有所察觉，降低焦虑与空虚感，提升自信，发挥所长，进而建立较有效率的人际沟通技巧，减少肤浅、虚伪、过度情绪化等不适宜的言行。若患者因为不适宜行为而产生心理上的症状，诸如沮丧、焦虑等，则可以考虑配合药物治疗，以减轻这些症状的痛苦。但是单靠药物，并不足以解决问题。

一般来说，表演型人格障碍的预后还算好。随着年龄增长，人的活力减退，不适宜的行为会慢慢减少。但并非全部如此，有些人的改善有限，有些人为了追求刺激而犯法或染上毒瘾，少数人甚至以自杀收场。

倘若你或亲友有上述现象，不必过度担心，表演型人格障碍大好大坏仅是一线之隔，及早就医是必要的，不仅可以避免症状持续或恶化，减少焦虑与沮丧，甚至能发挥“善于社交”的优点，化阻力为助力。

属于此类型人格障碍的人可从如下几个方面加以调整：

（1）提高认识，了解自己人格中的缺陷。只有正视自己，才能扬其长避其短，适应社会环境。如果不能正视自己的缺陷，自我膨胀，放任自流，就会处处碰壁、导致病情发作。

（2）情绪自我调整法：表演型人格的情绪表达太过分，旁人常无法接受。所以具有此种人格障碍的人要改变这一情况，首先要做的便是向自己的亲朋好友作一番调查，听听他们对这种情绪表达的看法。对他们提出的看法，千万不要反驳，要扪心自问，这些情绪表现哪些是有意识的，哪些是无意识的；哪些是别人喜欢的，哪些是别人讨厌的。对别人讨厌的要坚决予以改进，而别人喜欢的则在表现强度上力求适中，对无意识的表现，可将其写下来，放在醒目处，不时自我提醒。此外，还可请好友在关键时刻提醒一下，或在事后请好友对自己今天的表现作一评价，然后从中体会自己情绪表达过火之处，以便在以后的情绪表达上适当控制，达到自然、适度的效果。

（3）升华法。前面讲过，表演型人格障碍患者有一定的艺术表演才能，患者不妨“将计就计”，把兴趣转移到表演艺术中去，使原有的淤积能量到表演中去得到升华。事实上，许多艺术表演都有一定的夸张成分，为了使观众沉浸到剧情中去，演员必须用自己的表情、语言去打动他们。因此，表演型人格障碍的人投身于表演艺术是一条很有效的自我完善之路。

5. 孤芳自赏的人
——自恋型人格障碍

☞案例

他是一个文学专业的研究生，可算得上天之骄子。从小学到大学，一切顺利。大学毕业后，又被推荐上了研究生。他谈起自己来滔滔不绝、神乎其神，总是给人留下深刻的印象。与其他人在一起时，他只是在一个劲儿地吹嘘自己，认为自己能力超群、智慧过人，而别人都不行。似乎他总是那“鸡群”之“鹤”，而别人顶多只是个跑龙套的。这常引起其他人的反感。在学校里，他总是“天马行空，独往独来”，没有什么人愿同他搭话，他也不理别人。他的同学们也反映，他这人极没涵养，总是带着一种高高在上的优越感与人相处，令人难以接受。他也有不如别人的时候，此时，他会妒性大发，把别人说得一文不值。他几乎一直在孤独中，不过，他认为有成就的人总是孤独的。他曾交往过好几个女孩子，但不知什么缘故，交往的时间不长，一个个都离他而去。其中一个女友反映“开始，他似乎对我很迷恋，但不到两个月，便开始冷淡我。起初，我对他的孤傲、自负还很有几分赞赏。但现在，我越来越受不了他那种盛气凌人的劲儿了”。

不久前，他写了篇论文。他认为那是一篇很有价值的论文，他相信，它会在学术界产生极大的震动，并会产生深远的影响。但他说他的导师对这篇文章大不以为然，而且，还软磨硬拖，阻碍它早日脱稿。他说这是他们在嫉贤妒能，他们怕他的文章出来后让他们脸上无光。不过，他说他会尽力而为，用行动证明自己能超越他们，同时证明他们不过尔尔。据反映，他那篇被他吹成惊世之作的论文，后来虽勉强完成了，但他的导师和其他几位教授都认为，那不过是一篇平庸之作，既无新的见解，论述也不够全面。

☞解析

这是一例典型的自恋型人格障碍。这类型人格障碍的主要特点在于自我中心、自我夸大，常幻想自己了不起、有特别才能、美貌等；喜于表现、引起他人欣赏；不习惯接受他人的意见、批评。常期望被别人特别对待，常利用他人，而不尊敬他人。与其他人不是谈得很好，就是很不好，变换于两个极端；不太懂得体会别人的苦处或困难。

自恋型人格障碍的主要特征是有一个不稳定的自我，有一个脆弱的自尊心，因而形成两种极端的表现，一端被称为“厚脸皮型”，此类型者常自我吹嘘，使自己成为众人的焦点，不在意别人的感受，在人际沟通上常只是“放送机”而非“接收器”，以炫耀与夸大来肯定原本脆弱的自我；另一端被称为“薄脸皮型”，此类型者常表现害羞、退缩，常会逃避他人注意，对他人的反应很敏感，过度注意他人是否对自己有轻蔑或批评的迹象，情感上易倾向于感觉受辱，所采取的防卫方式与前者相反。当其自尊心明显受挫时，则会陷于空虚、不安、极度焦虑、失落、忧郁的状态。

自恋型人格障碍患者幼年时在众人注意的焦点中成长，以至于他也特别注意自己，很在意别人对自己的评价。因而长大后依然不断地寻求别人的注意、夸奖或赞美；爱出风头，爱戴高帽子，形成自觉重要，自视过高，自我中心的不良人际关系。事实上，其自尊心是很脆弱的，时常羡慕别人做得多么好，多么受别人的尊敬；而当有人批评他，或不满意他的缺点时，则不是冷漠无所谓，便是明显地大肆咆哮、激怒以及有自卑、害羞、屈辱之感受。其自视过高与无价值感是一体两面的，时常变换地表现出来。常有不合现实目标的幻想，例如先入为主地自以为可以达到无限的才干、有显赫的财势、权力地位以及美丽潇洒或理想中的爱侣。然而，届时若真能实现幻想中的目标，也令他不满足，并幻想更上一层楼，其野心锐不可当，难以阻遏；缺少同情心，无能力去为别人着想，了解别人的感受或体谅别人的病痛，甚至于不顾个人的廉耻及他人的权利，榨取或剥削别人的利益来纵容自己私欲的满足或扩充自己的势力；喜欢占别人便宜，傲慢或独断地希望不经过人际关系间互惠的责任感就可获得被赞许或恩宠的好处，承受不了别人忽视他的要求；缺乏持久性的、密切的人际关系，往往见异思迁，别人可从被尊敬而变成被贬抑的下场。患者虽然是如此自大自高，唯我独尊，但其背后却隐藏着痛苦与忧郁的心情，而常附带有身体疼痛或不舒适的症状出现。

对自恋型人格障碍的治疗，一般可采用以下方法：

(1) 解除自我中心观。自恋型人格障碍最主要的特征是自我中心，而人生中最为自我中心的阶段是婴儿时期。由此可见，自恋型人格障碍患者的行为实际上退化到了婴儿期。朱迪斯·维尔斯特在他的《必要的丧失》一书中说道：“一个迷恋于摇篮的人不愿丧失童年，也就不能适应成人的世界。”因此，要治疗自恋型人格障碍，必须了解那些婴儿化的行为。你可把自己认为讨人厌的人格特征和别人对你的批评罗列下来，看看有多少婴儿期的成分。例如：

①渴望持久的关注与赞美，一旦不被注意便采用偏激的行为。

②喜欢指使别人，把自己看成太上皇。

③对别人的好东西垂涎欲滴，对别人的成功无比嫉妒。

通过回忆自己的童年，你可发现以上人格特点在童年便有其原型。例如：

①总是渴望父母关注与赞美，每当父母忽视这一点时，便耍无赖、捣蛋或做些异想天开的动作以吸引父母的注意。

②童年时衣来伸手，饭来张口，父母是仆人。

③总想占有一切，别的小朋友有的，自己也想有。

明白了自己的行为是童年幼稚行为的翻版后，便要时常告诫自己：

①我必须努力工作，以取得成绩来吸引别人的关注与赞美。

②我不再是儿童了，许多事都要自己动手去做。

③每个人都有属于自己的好东西，我要争取我应得到的，但不嫉妒别人应得的。

还可以请一位亲近的人作为监督者，一旦出现自我中心的行为，便给予警告和提示，督促你及时改正。通过这些努力，自我中心观是会慢慢消除的。

（2）学会爱别人。对于自恋型人格障碍的患者来说，光抛弃自我中心观念还不够，还必须学会去爱别人，唯有如此才能真正体会到放弃自我中心观是一种明智的选择，因为你要获得爱首先必须付出爱。弗洛姆在他的《爱的艺术》一书中阐述了这样的观点：幼儿的爱遵循“我爱因为我被爱”的原则；成熟的爱遵循“我被爱因为我爱”的原则；不成熟的爱认为“我爱你因为我需要你”；成熟的爱认为“我需要你因为我爱你”。维尔斯特认为通过爱我们可以超越人生。自恋型的爱就像是幼儿的爱，不成熟的爱，因此，要努力加以改正。生活中最简单的爱的行为便是关心别人，尤其是当别人需要你帮助的时候。当别人生病后及时送上一份问候，病人会真诚地感激你；当别人在经济上有困难时，你力所能及地解囊相助，便自然会得到别人的尊敬。只要你在生活中多一份对他人的爱心，你的自恋型人格障碍便会自然减轻。

6. 冷酷无情的人

——反社会型人格障碍

☞案例

张某，男性，29岁，已婚，初中一年级肄业。出身于工人家庭。父亲性格暴躁，嗜酒，每于酒后即撒酒疯，打骂妻子和孩子。张某自上小学后便不好好学习，常打架斗殴、欺负弱小同学。10岁即表现得十分凶顽，常对旁人做恶作剧、虐待小动物。一次上课前将一只被肢解的青蛙放在粉笔盒内，当女老师取粉笔时，触到死青蛙，吓得失声大叫起来。张某因此受到停课处罚，然而，他毫无羞耻感，大摇大摆，英雄似地走出教室。被父亲知道后又免不了挨一顿毒打，但毫无悔改之意。至初中一年级，张某已无心上学，整日混迹于歌厅和游戏机房。没有钱就偷盗自行车廉价卖给他人，或在学校附近勒索单独行走的小学生。至初中二年级16岁时，因严重品行问题加上长期旷课，被学校除名。此后，张某更加肆无忌惮，夜不归宿，致使一女青年怀孕后自杀。又因打架斗殴致另一团伙中数名青年被砍成重伤，而被判刑6年。

张某出狱后，和两个拜把兄弟一起私自非法开办了一小煤窑，雇佣三个外地民工。张某用极其简单的工具逼三人干活，仅给予很少的报酬，自己却每天饮酒闲荡。张某失意时则打骂工人，高兴时又作弄工人。一名民工由于不堪忍受张某的虐待和侮辱，于当夜自杀身亡。导致当地司法部门介入调查并关闭其小煤窑。张某却大吵大闹反而要求赔偿损失，并到处告状，声称“不达目的，死不罢休。”最后，被公安机关拘留审查并对其提出起诉。

☞解析

反社会型人格障碍又名悖德型人格障碍。顾名思义，这种人常常会做出违反社会、道德败坏的事情，因而在犯罪人群中有较高的比例（10%～50%）。这种性格多见于男性、且出生于低社会阶层，其家长特别是父亲有同样倾向。从小成长于破碎家庭，缺少父母管教，自幼患有“注意缺陷症”或行为有问题。

这种类型的人性格很不合群，时常做出不符合社会要求的行为，妨碍公众。不忠于个人或团体，自私、不负责任、冲动、缺乏羞耻或罪恶感，常责备或归咎他人，对自己的过错行为却总有很多理由来辩解。年轻时常说谎、逃学、偷窃、反抗老师、长辈；长大后喜欢喝酒、闹事，且无法长期固定工作或求学，甚至常常犯法。通常来说，这种人急于得到享受和满足，无意延缓。也无法忍受不安、焦虑的感觉，常需马上采取行动来解除内心的不安，如逃走、打人或偷东西。所以，严格意义上来讲，其冲动行为是一种对不安和焦虑的防御反应。

根据精神病学家和心理学家研究的成果来看，产生反社会型人格障碍的主要原因有：早年丧父、丧母或双亲离异；养子、先天体质异常、受恶劣的社会环境、家庭环境和不合理的社会制度的影响，以及中枢神经系统发育不成熟等。一般认为，家庭破裂、儿童被父母抛弃和受到忽视、从小缺乏父母亲在生活上和情感上的照顾和爱护，是反社会型人格障碍形成和发展的主要社会因素。儿童被父母抛弃和受到忽视使儿童不可能发展人际之间的温顺、热情和亲密无间的关系。随后儿童虽然形式上学习到了社会生活的某些要求，但对他人的情感移入得不到应有的发展。

由于反社会型人格障碍的病因相当复杂，目前对此症的治疗尚缺乏十分有效的方法。如使用镇静剂和抗精神病药物治疗，只能治标不治本，且疗效不显著，而心理治疗对那些由于中枢神经系统功能障碍而成为反社会型人格障碍的患者又毫无作用。但在实践中发现，对那些由于环境影响形成的、程度较轻的患者，实施认知领悟疗法有一定疗效。施治者可帮助患者提高认识，了解自己的行为对社会的危害，培养患者的责任感，使他们担负起对家庭、对社会的责任；提高患者的道德意识和法律意识，使他们明白什么事可以做，什么事不能做，努力增强控制自己行为的能力。这些措施对减少患者的反社会行为不失为有效的方法。

少数家庭关系极为恶劣而与社会相处尚好的患者，可以在学校或机关住集体宿舍或到亲友家寄养，以减少家庭环境的负面影响，同时培养其独立生活的能力。个别威胁家庭与社会安全的反社会型人格障碍患者，可送入少年工读学校或成人劳动教养机构，参加劳动并限制其自由。对情节特别恶劣、屡教不改的患者，如上述病例中的张某，可采用行为治疗中的厌恶疗法。当患者出现反社会行为时，给予强制性的惩罚（如电击、禁闭等)，使其产生痛苦的体验，实施多次以后，患者一旦产生反社会行为的冲动，就感到厌恶，全身不舒服，通过这样减少其反社会的行为。然后根据其行为矫正的实际表现，放宽限制，逐步恢复其正常家庭生活与社会生活。

7．情绪忽上忽下的人
——边缘型人格障碍

☞案例

“我有时在想，自己是不是被恶魔附身了？”原本在大医院精神科担任社工人员的凯莉说：“我搞不懂自己，只知道边缘人格逼得我把所有人都排斥在外，因此非常非常的寂寞。”

凯莉于1983年诊断出患有边缘型人格障碍，在此之前，她曾接受各式各样心理和生理疾病的治疗，服药、住院，前后共达22年。她的病历就像是一本磨损的护照，上面所盖的章，记录了所有她曾“游走过的”精神医学领域。

凯莉的父母在她还是婴儿的时候就离异了，她9岁以前一直都是由酗酒的母亲抚养，之后进入寄宿学校住了4年。21岁时，她因为心情沮丧得无法承受而不得不求医，被诊断为抑郁症而加以治疗。几年之后，她的情绪开始暴起暴落，被诊断为双相情感障碍，又称为躁郁症并进行治疗。这段期间，她一再服药过量，好几次还割破自己的手腕。到了25岁左右，她开始有了幻听，并且有严重的被害妄想。这时她第一次住进医院，所得到的诊断是精神分裂症。之后，凯莉因为胸口剧烈疼痛，在心脏专科住院住了好多次，诊断结果还是与焦虑有关。她曾有过几段暴食和厌食的时期，每次均为时几周，当时她的体重变化高达30公斤。32岁时，她被同一家医院的一名医师以残暴的方式强暴了。不久之后，她回到学校念书，并与一位女教授发生性关系。42岁之前，她病历中满满的诊断，几乎包括了所有可以想到的疾病，例如精神分裂症、抑郁症、双相情感障碍、疑病症、焦虑症、厌食症、性功能障碍，以及创伤后应激障碍（在经历了强暴事件后）。

尽管有这些心理与生理的问题，凯莉在工作上仍表现得相当优异。虽然她时常换工作，但也完成了社工系的博士学位，还在一所小型的女子学院教过一阵子的书。

不过，她在人际关系上却有着严重的问题。“我与男人仅有的几次交往过程中，都遭到性虐待。有些男人曾经想跟我结婚，但我有很大的心理障碍，没办法忍受肉体的接触和日渐亲密的关系，那会让我想要逃跑。我订过几次婚，但最后都解除了婚约。我不能想象自己成为某个人的妻子，那对我来说不切实际。”

经过20多年的治疗后，凯莉的症状终于在1983年被诊断为边缘型人格障碍。她的行为上的障碍，起因于根深蒂固的人格特质，是属于人格或特质的疾病，与先前诊断为某种临床疾病较无关联。

“身为边缘人格者，最难忍受的就是空虚、寂寞，以及强烈的情绪。”凯莉说：“行为极端到让自己都很困惑，有时候我不晓得自己的感受到底是什么，自己到底是谁。”

46岁的凯莉必须认清，以往那一整套行为模式不足为取。“我不能再选择割腕、吞药或住院来逃避问题；我发誓要活在现实中面对问题。但我得说，现实世界是个恐怖的地方，我不确定自己是不是能做到，或者说，我不确定自己是不是真的‘想’这么做。”

☞解析

边缘型人格障碍犹如徘徊于精神病及神经症的边缘，故称之为边缘型人格异常。它的发生率为1%～2%，女性约为男性的2倍。这种人格障碍始于成人早期之前，人际关系、自体形象、情感表现极为不稳定，且非常容易冲动。

这类患者从小生长在“不被认可的环境”中，尤其是情绪的部分，亦即这些患者的父母或重要他人否认、不支持他内在情绪，例如当他想要表达时，常常会遭遇到忽视甚至是惩罚。于是在成长过程当中，这类患者要“确认”自己就成为一件很困难的事。但人总是要活着，如何抓住任何一件足以确认自己的事物，成为这类患者的习性。可是在“不被认可”的熏陶中，这类患者又会否定、排斥自己，因为他不认为自己值得拥有这些事物，以及不确定这些事物会是永存的，所以“反反复复”成为内心矛盾的反应。很多教科书写道：“边缘型人格障碍患者的稳定特性就是‘不稳定’。”

边缘型人格障碍患者经常处于危机状态，经常有情绪的波动，经常一下子好辩激动，转眼间又忧郁哭泣；一会儿可能觉得感受不到自己的情绪。他们相当依赖周围亲近的人，但当其依赖无法满足时，则表现出强烈的愤怒，因此难以维持深度而亲密的关系，他们对人的感觉陷入全好或全坏两种极端中，旁人给予他关心注意，使之有安全感时，便将旁人理想化；但当旁人的付出不能符合其需求时，便对之充满愤怒、嫌恶与批评；反之，他们极怕被依赖的对象背叛，这样往往激起对象的生气愤怒，或自己率先背叛对方，以测试对象的容忍程度。当对象果真离开他后，他则陷入极大的情绪混乱中，并强化自己认为世界无人可信赖，自己是空虚孤独的存在的信念；另一方面他们缺乏自我认同，故无法忍受独处的孤寂，有长期的空虚感。为了避免空虚孤寂，他们可能会随意与人发生关系，或者自伤、割腕等，以排解内心的空虚无望。其生活模式混乱，社会职业功能遭受极大影响，他们的成就通常低于能力。

边缘型人格障碍患者的人际关系极度不稳定，对别人的评价偏向两极，不是对他人过度理想化，就是完全否定，除了“全好”或“全坏”以外，缺乏中间地带，容易立即转变对他人的观感，对别人付出往往是基于希望别人能随时回报，只要觉得别人给自己的不够多或不如期待中的“好”，原来的“好人”可能在下一秒钟，就被贬低成一文不值的大坏蛋。由于人际关系充满变数，患者反而觉得和猫、狗等宠物，或布偶、洋娃娃相处会比和人在一起更有安全感。

这类患者常处于周期性的情绪不稳定之中，数小时内，就可能转变到心情忧郁、失落或焦躁之中，容易对人际间的压力过度反应，如果出现强烈的愤怒时多半会难以控制，而一发不可收拾。由于对“自我”的认同感不稳定，非常在意别人对自己的看法，对未来的目标与价值判断常常出现戏剧化的大转折。

最令人头痛的是，患者经常一再出现冲动性的自伤或自杀行为，例如割腕、吞安眠药、用香烟头烫自己、酒精或药物滥用、暴食、发泄式地疯狂购物、自杀般地开快车等。

患有边缘型人格障碍的人，给人的第一印象往往是聪明、机智、好玩、喜欢享受，可以成为一个好朋友，但一旦与其有一定的交往以后，上述的各种问题就会慢慢显现出来，而卷入其中的每一个人都可能受到情感、心理上的伤害。

要改变这类患者比较困难。一般来说，药物对这类疾病的疗效较小，主要的治疗方式是心理治疗。但其他的疗法（包括药物）也可能减轻某些急性症状，像严重的情绪不安或忧郁等。至于身边的人怎样帮助患有边缘型人格障碍的人，建议一定要去看精神科医生，加上心理辅导。同时帮助患者身边的人理解这种病症也很重要，这样患者身边的人才不至于因为不断受到患者情绪上的伤害而放弃努力。要理解患者是极端矛盾的综合体，那些伤人的话听了也不要太往心里去。患者需要的是不断的支持、关怀和耐心（当然身边的人的耐心有时也会被推到极限）。要治疗边缘型人格障碍患者，最好还是遵医嘱行事，至于患者听不听，能不能改变，也要看天意了。

8．“远离世间”的人
——回避型人格障碍

☞案例

吴某是一家计算机公司的部门经理。他妻子说吴某每天光是忙着公司里的事，心里完全没她。但吴某却说，事实上大部分周末他都是与妻子一起度过的。他妻子也承认，周末通常还是挺愉快的，可是只要吴某一忙于工作，自己就很抑郁，就感到自己被生活抛弃了。他妻子总是不断地追问吴某是否真心爱她，如果她得到了想要的回答，便十分满足和愉快。如果吴某的表现不能令她满意，她便会十分伤心，并马上转为愤怒，开始用各种语言来刺伤对方，或者滔滔不绝地数落和抱怨对方的种种“不是”，并且把他赶到客厅的沙发上去睡觉。在吴某上班的时候，他妻子会常常打电话到他的公司里去，意图“了解”他的行踪。如果吴某能陪她在电话里多聊一会，她就会很满足，如果吴某正在忙，不能多讲，她便会愤愤地挂上电话。如果吴某再打电话过来，她便会变得十分冷淡，一副不想谈的姿态。吴某说他妻子简直像一个小孩子，喜怒无常，真不知道如何才能让她满意。他妻子说：“他从来都不想主动地接近我，如果我不给他打电话他决不会给我打。如果我不说周末咱们一起去干点什么，他就永远在搞他的电脑，他简直是个冷血动物！”事实上，吴某已经多次提出搬出他们同居的家，希望能有属于自己的世界。即使在他们的关系比较融洽的时候，吴某也不喜欢在除了性生活之外的时候有任何亲密的身体接触，如牵手、挽臂等，特别是在公众场合更是如此。他妻子抱怨说：“除了在床上，他对我简直就像个陌生人一样。”

☞解析

这是一对很有趣的夫妻，吴某是典型的回避型人格障碍，而她妻子却是典型的依赖型人格障碍。所谓回避型人格障碍又叫焦虑逃避型人格障碍，其最大特点是行为退缩、心理自卑，面对挑战多采取回避或不能应付的态度。

有回避型人格障碍的人被批评指责后，常常感到自尊心受到了伤害而陷于痛苦，且很难从中解脱出来。他们害怕参加社交活动，担心自己的言行不当而被人讥笑讽刺，因而，即使参加集体活动，也多是躲在一旁沉默寡言。在处理某个一般性问题时，他们往往也表现得瞻前顾后，左思右想，常常是等到要下定决心时，却又错过了解决问题的时机。在日常生活中，他们多安分守纪，从不做那些冒险的事情，除了每日按部就班地工作、生活和学习外，很少去参加社交活动，因为他们觉得自己的精力不足。这些人在单位一般都被领导视为积极肯干、工作认真的好职员，因此，经常得到领导和同事的称赞，可是当领导委以重任时，他们却都想方设法推辞，从不接受过多的社会工作。

“你总是在控制我”，“你太黏人了”，“我需要一点自己的天地”，是他们经常发出的抱怨。他们与孤立型人格障碍患者不同，孤立型人格障碍患者否认自己对亲密的需要，而回避型人格障碍患者则会正面表示他们对亲密的需要。他们最喜欢那种来去自由的关系，当他们感受到了自己对亲密的需要时，特别是当他们感到某种内疚或产生遭人抛弃的恐惧时，便会从自己的小天地里走出来，向自己的配偶频频示好，去取悦对方。当他们的需要得到满足后，特别是当他们感到了对方企图保持这种亲密状态，或对自己有进一步需求时，他们便会立即退缩，甚至会生气。

回避型人格障碍的形成与有一个持续的情感冷漠的妈妈有关。这种母亲对孩子在情感上是冷酷的，甚至很少愿意去抱一抱孩子，打骂孩子也是家常便饭。有这种母亲的孩子我们称之为孤独儿童，他们往往惧怕亲密的接触，虽然事实上他们也曾像其他儿童一样需要妈妈的爱护，但是每次对母亲依恋的渴望和要求都会导致心理上的痛苦，因此婴儿自然而然地作出了痛苦的选择：回避一切亲密接触，并导致出一个结论：我没有需要。他建造了一个不真实的自我，他们看起来很独立，实际上是否定自我的需要。恐惧与他人接触，其目的只是为了回避由此可能带来的痛苦。如果孤独儿童的生长环境不变，他在幼年时期的心理特点将随着他的成长而成为他人格中的基本特点，成为一种在人际关系中，特别是亲密关系中的回避型人格。他们的性格通常是冷漠甚至冷酷的，缺乏对生活的兴趣和追求。因为总是回避过多的亲密接触，他们显得似乎很独立。由于性格特点，这种人在社会生活上较少有物质需求，并富于独立和忍耐性，在事业上往往成功，为人们所赞许，但是他们的婚姻生活则通常是失败的。

回避型人格障碍患者如何自我调适？有二种方法可以尝试，一是反向观念法：具有回避型人格特点的人大多伴随着认知歪曲现象，因此，治疗的重点应放在改正认知歪曲现象上。

反向观念法即是改造认知歪曲的一种有效方法。所谓反向观念法是指与自己原有的不良自我观念唱反调，原来是以自我为中心，现在则应逐步放弃自我中心，学习设身处地为他人着想；原来爱走极端，现在则学习从多方位考察问题；原来喜欢超规则化，现在则应偶尔放松一下，学习无规则地自由行事。采用反向观念法克服缺点可通过自我分析来进行。这种自我分析可以定期进行，几天一次或一星期一次，也可以在心情不好或屡遭挫折之时进行。认识上的错误往往是无意识的，通过上述自我分析，就可把无意识的东西上升到有意识的自觉层次上，这有助于改善不良心理状态。二是梯级任务作业：回避型人格的矫正不是一件很容易的事，而是需要持久努力的。梯级任务作业就是将需改进的目标分为许多层次，逐步加以完成的一种矫正方法。如果不愿交朋友，就必须按梯级任务作业的要求给自己定一个交朋友计划。起始的级别比较低，任务比较简单，以后逐步加深难度。一般来说，上述梯级任务看似轻松，但认真做起来并不是一件轻松的事。最好找一个监督员，让他来评定你的执行情况，并监督你坚持下去。

9．“离不开他人的人”
——依赖型人格障碍

☞案例

女，25岁，某工科大学毕业生。病人因在家中是老小，自小较受父亲宠爱，在家什么事都由父亲替她干，较少自己独立做自己的事。上小学时，因怕路上会有危险，都由父亲陪伴上学。周末想出去玩，也常由父亲陪伴。由于这种长久的习惯，就是上了大学以后，病人也很少在学校与同学交往，更不用说与男同学交往。每天放学就回家，在家事事由父亲决定或代替办理。病人自小就很敬佩父亲，并且事事都依赖父亲，并以此为乐。在家庭中父亲极注重孩子的思想教育，与孩子经常沟通思想，帮助孩子处理或决定事情，因此孩子有问题或困难，也都找父亲帮助，在心目中也较尊重父亲。病人的男友与病人同岁，已获硕士学位，是高材生。照一般情况说来，该算是很好的异性对象。但病人觉得男友社会经验少，显得不够老练和成熟。尤其与自己的父亲相比，更显得社会能力差，不够理想。病人一方面脑子里想，这个男友不够理想，却又觉得自己年纪也不小了，女孩子长大该出嫁，不能太挑剔。但最糟糕的还是自己慢慢喜欢上了这个男友，但又担心将来失去能干的父亲，将来的事都需自立处理，那又怎么办？

☞解析

依赖型人格障碍是日常生活中较为常见的人格障碍。这种类型的主要特点为极度缺乏自信心、无法独立，结果重要事情总是让别人替他做决定，很依赖他人。有这种个性的青少年，总是让父母为他决定交什么样朋友、念什么学校、穿什么衣服、到哪里去玩。假如是已婚的成人的话，则让其配偶决定搬到哪里住，交怎样的邻居，找什么工作等，自己一点都没有主张与看法。

依赖型人格障碍的产生源于人自身发展的早期。幼年时期儿童离开父母难以生存，在儿童印象中保护他、养育他、满足他一切需要的父母是万能的，必须依赖他们，总怕失去了父母这个保护神。这时如果父母过分地溺爱，鼓励子女依赖父母，不让他们有自主和自立的机会，久而久之，在子女的心目中就会产生对父母或权威的依赖心理，成年以后仍然不能做主。此类患者缺乏自信心，总是依靠他人来做决定，终身不能承担起选择和完成各项任务及工作的责任，形成依赖型人格。另外，对子女关心太少，或子女受到遗弃或遭受挫折等，也会导致儿童的依赖性。尤其是父母开始用粗暴拒绝的态度对待孩子的依赖要求，经不起孩子的“纠缠”后又屈从孩子过分依赖的要求；或者是儿童在表示依赖的要求以后，再搂抱或亲吻孩子，这种对孩子的态度，无疑会起到鼓励和强化的作用，这也是依赖型人格障碍产生的原因。

依赖型人格障碍患者的依赖行为已成为一种习惯，他们首先必须破除这种不良习惯，这被称为习惯纠正法。具体方法是清查一下自己的行为中哪些是习惯性地依赖别人去做，哪些是自作决定的。你可以每天做记录，记满一个星期，然后将这些事件按自主意识强、中等、较差分为三等，每周一小结。对自主意识强的事件，以后遇到同类情况应坚持自己做。如某一天按自己的意愿穿鲜艳衣服上班，那么以后就坚持穿鲜艳衣服上班，而不要因为别人的闲话而放弃，直到自己不再喜欢穿这类衣服为止。这些事情虽然很小，但正是改正不良习惯的突破口。对自主意识中等的事件，你应提出改进的方法，并在以后的行动中逐步实施。例如，在订工作计划时，你听从了朋友的意见，但对这些意见你并不欣赏，便应把自己不欣赏的理由说出来，说给你的朋友听。这样，在工作计划中便掺入了你自己的意见，随着自己意见的增多，你便能从听从别人的意见逐步转为完全自主决定。对自主意识较差的事件，你可以采用控制技术逐步强化、提高自主意识。控制法是指在别人要求的行为之下增加自我创造的色彩。如你从爱人的暗示中得知她喜欢玫瑰花，你为她买一枝花，似乎有完成任务之嫌。但这类事情的次数逐渐增多以后，你会觉得这样做也会给自己带来快乐。如果你主动提议带爱人去植物园度周末，或带爱人去参观插花表演，就证明你的自主意识已大为强化了。依赖行为并不是轻易可以消除的，一旦形成习惯，你会发现要自己决定每件事毕竟很难，可能会不知不觉地回到老路上去。为防止这种现象的发生，简单的方法是找一个监督者，最好是找自己最依赖的那个人。

如果只简单地破除了依赖的习惯，而不从根本上找原因，那么依赖行为也可能复发。因此还需采用重建自信法从根本上加以矫正。第一步，消除童年不良印迹。依赖型的人缺乏自信，自我意识十分低下，这与童年期的不良教育在心中留下的自卑痕迹有关。你可以回忆童年时父母、长辈、朋友对自己说过的具有不良影响的话，例如：“你真笨，什么也不会做。”、“瞧你笨手笨脚的、让我来帮你做。”等，你把这些话语仔细整理出来，然后一条一条加以认知重构，并将这些话语转告给你的朋友、亲人，让他们在你试着干一些事情时，不要用这些话语来指责你，而要热情地鼓励、帮助你。第二步，重建勇气。你可以选做一些略带冒险性的事，每周做一项，例如：独自一人到附近的风景点做短途旅行；独自一人去参加一项娱乐活动或一周规定一天“自主日”，这一日不论什么事情，决不依赖他人。通过做这些事情，可以增加你的勇气，改变你事事依赖他人的弱点。

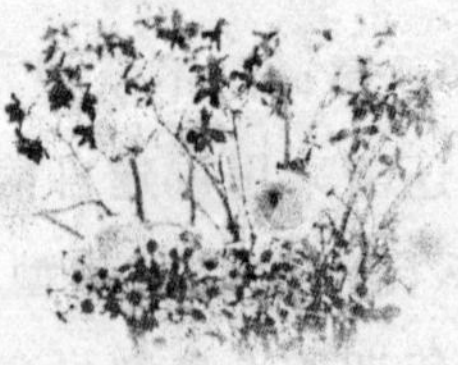

10．“追求完美的人”
——强迫型人格障碍

☞案例

每份公文，他都要一字一字去看；每个电话留言，他都要一句一句去听；弄丢了计划书，他宁愿耗上几天时间找出来，也不肯临时重拟一份；看书一定要从第一章开始翻，忘记读到哪的话还得重头再来；打份备忘录，即使只是自己看，也得在字型、表格、框线间修改半天；甚至把纸对折时，还得掏出尺来量。他永远绷着脸，不苟言笑，除非把言辞想到无懈可击，否则不开口。同事们最怕跟他共事了。他的世界里处处是“一定”，处处是“不可以”，就是没有“轻松”两个字。只要有一点点差错，哪怕不过是表格多一个逗点，他也要整张作废，然后铁青着脸，重头来过。要他授权给别人，就像要他开怀大笑一样难。他不放心他以外的人所做的任何事。即使一切自己来，他还是不放心，一份研究报告可以改上几十次，只要有瑕疵便全部重来，直到时间都过了还定不了稿。他也特别会犹豫，只要选项不止一个，再简单的问题他都得花上老半天。要是遇到工作有变动，或是老板临时交付什么，他更是彷徨到几乎要崩溃。他的效率一直高不起来，时间就在犹豫、检查、重头再来之间流逝。他只是把脸绷得更紧，更拼命工作。

下班后，他紧绷的神经还是没机会放松——车子“一定”得准确地在车位上停妥，上衣“一定”得先脱掉后才能开电视，吃饭前“一定”要先洗澡。就算是放假，他也能拖就尽量拖，不得已时，也一定要找些“有意义”的工作在度假小屋里做。就连散步这等小事，他也会极严肃地研究如何“散步”，包括用“正确”的姿势走路等。

他就是这样在僵硬、固执、不知变通、犹豫不决、力求完美却迷失在无关紧要的细节里一路走来。

☞解析

这就是一例典型的强迫型人格障碍的患者。强迫型人格障碍的最主要特征就是要求严格和完美，容易把冲突理智化，具有强烈的自制心理和自控行为。强迫型人格障碍的具体行为表现有三个方面：一是心里总笼罩着一种不安全感，常处于莫名其妙的紧张和焦虑状态。如门锁上后还要反复检查，担心门是否锁好；写完信后反复检查邮票是否已贴好，地址是否写对了等。二是思虑过多，对自己做的事总没把握，总以为没达到要求，别人一怀疑，自己就感到不安。三是行为循规蹈矩，不知变通，自己爱好不多，清规戒律倒不少。处理事情有秩序、爱整洁、严守时刻，但对节奏明快、突然来的事情显得不知所措，很难适应，对新事物接受慢。总之，强迫型人格障碍患者总是给人以刻板、僵死、缺乏生命活力的印象。

具有强迫型人格倾向者，通常在孩童时就会发现他们具有过度注重完美、整齐、有序的个性。比如说，写字时只要一点笔迹超过格子，他们就会反复地擦拭，直至满意为止。许多强迫型人格倾向的人，因为他们有依序、注重工作完美度的特质，也使得他们在事业上容易表现出色，成功的人比比皆是。但是过犹不及即是病，一旦这种人格倾向严重到影响社会生活时，就算是一种“人格障碍”了。这些人在面对人生的各种选择时，常常是固执而不知变通，过于专注细微末节使他们见树不见林。他们难以下决定，一旦下决定，又会担心后续的反应。完美主义、僵硬、与决断力不足，会让工作一事无成；而且若是有人对他们提出批评，他们没有足够的幽默感来虚心接受。这些特质不只会伤害自己，也会伤害到别人。有研究显示，强迫型人格障碍和强迫症的发生并无绝对的关系，不过罹患焦虑症或抑郁症的机会要高得多。

强迫型人格障碍的形成一般在幼年时期，与家庭教育和生活经历有关。父母管教过分严厉、苛刻，要求子女严格遵守规范，绝不准自行其是，造成孩子做事过分拘谨和小心翼翼，生怕做错事而遭到父母的惩罚，做任何事都思虑甚多，优柔寡断，并慢慢形成经常性紧张、焦虑的情绪反应。一些家庭成员的生活习惯，也可能对孩子产生影响，如医生家庭，由于过分爱清洁，对孩子的卫生特别注意，容易使孩子形成“洁癖”，产生强迫性洗手等行为。另外，幼年时期受到较强的挫折和刺激，也可能产生强迫型人格。有研究表明，强迫型人格与遗传也有关系，家庭成员中有人患强迫型人格障碍，其亲属患强迫型人格障碍的概率比普通正常家庭要高。

由于强迫型人格障碍具有强烈的自制心理和自控行为，因此，其调节的主要方法是减轻心理压力和放松紧张的心理，顺其自然。

(1) 顺其自然法。由于强迫型人格障碍的主要特征是把冲突理智化，过分压抑和控制自己，因此强迫型人格障碍的矫正主要是减轻和放松精神压力，最有效的方式是任何事听其自然，该怎么办就怎么办，做了以后就不再去想它，也不要对做过的事进行评价。比如担心门没有关好，就让它没关好；课桌上的东西没有收拾干净，就让它不干净；字写得别扭，也由它去，与自己无任何关系。开始时可能会因此带来焦虑的情绪反应，但由于患者的强迫行为还远没有达到强迫症的无法自控的程度，所以经过一段时间的训练和自己意志的努力，症状是会消除的。

（2）当头棒喝法。强迫型人格障碍患者把行动的自主权交给了“规矩与习惯”，把自己活泼的心智锁进了牢笼，因此要砸开锁链，打开牢笼，让被囚禁的自由思想主宰自己的行为。当头棒喝法便是打开牢笼的妙法。所谓“棒喝”是借用禅宗中的“德山棒，临济喝”的说法。德山常以大棒惊吓学生，使执迷不悟的学生顿然开悟，而临济则以模棱两可的问题问学生，学生犹豫不能作答时，临济则大喝一声以示警醒。那些弟子为何会执迷不悟呢？原因是他们过分依赖自己头脑中呆板的教条。当一个人过分执着于经典与规矩时，他对活生生多变的现实就常会感到无所适从。强迫型人格障碍患者已经习惯于按教条办事，总是按“应该如何，必须如何”的准则去做，在某种程度上像个机器人。要改变这种状况，就应努力寻找生活中的独特事件，让这些独特事件带来新的观念和解决问题的新思路、新方法，以起到“当头棒喝”的作用，改变以往墨守成规、循规蹈矩的习惯。

六、天才模仿家

——歇斯底里症浅谈

☞**案例**

安娜小姐是一位秀外慧中、经常沉溺在白日梦中的21岁女性。一年夏天，她挚爱的父亲卧病在床，她不眠不休地照顾着父亲，结果自己竟因此而产生离奇的、甚至令人咋舌的怪病。起初，她只是觉得全身虚弱、脸色苍白、没有胃口，家人认为这是因为她过度哀伤及劳累所致，但她仍坚持要照顾她的父亲。后来，她因非常严重的咳嗽才不得不放弃身为人子的责任。就在自己也卧床休养时，她开始觉得每天一到午后，就感到非常疲惫、渴望休息，然后在黄昏时进入一种恍如睡眠的状态中，醒来后却又变得非常亢奋。入冬以后，情况不但未见好转，反而接二连三地出现怪异的症状：先是左后脑勺疼痛，然后是视力障碍，觉得房间里的墙壁好像都要倒塌下来。最后，全身多处的肌肉发生僵直或麻痹现象：先是颈部的肌肉麻痹，使她转头时需举起手向后压着头；然后是右腿发生痉挛与麻痹，接着是右手，然后是左腿，最后是左手（不过手指头都还能动）。

发病后，家人陆陆续续请了不少医师来诊疗，但都不得要领。最后，他们请来了A医师。开始时，A医师无法顺利检查安娜小姐，因为她见到陌生人接近，就立刻变得非常焦虑。不过A医师倒是注意到了另一个奇怪的现象：他发现安娜小姐好像具有两种完全不同的意识状态，在一种意识状态中，她认得周围的环境和人物，表现出忧郁、焦虑；但在另一种意识状态中，她却变成另外一个人，不仅不再认识周围的一切，而且显得非常亢奋、狂暴，以她不太灵活的肢体及尚能活动的手指向接近她的任何人乱抛东西、撕扯自己的床单等，同时也表现出惊慌、害怕的神色，似乎看到了某些令她恐慌的影像（幻觉），譬如将自己的头发、缎带看成是“蛇”而大声尖叫。这两种意识状态不仅可以互换，而且从一种意识状态变成另一种意识状态毫无征兆可言，说变就变。在开始时，安娜小姐似乎不知道自己会进入另一种意识状态中，当她从亢奋状态又回复到正常状态时，看着自己凌乱的房间及被撕碎的床单，常抱怨说：“是什么人将我的房间弄得乱七八糟！”但慢慢地，她似乎了解到自己有“两个我”，一个是“真实的我”，另一个则是“邪恶的我”，“邪恶的我”常驱使自己做一些自己不喜欢做的事。

自从安娜小姐自己生病后，她就很少再见到她挚爱的父亲，即使见面，时间也很短暂。4 月 5 日，她父亲终于咽下了最后一口气，安娜小姐在得知噩耗后，悲从中来，又爆发了令人压制不住的狂乱行为，然后陷入木僵状态中。如此持续了两天，才又慢慢清醒过来，看起来似乎平静了许多，但也出现了一些恶化的症状：譬如平日很喜欢花的她，在人家拿一束花给她看时，她说她一次只能看见一朵；而且说在她周围走动的人看起来都像没有生命的蜡人；除了医师以外，她又变得什么人都不认识。本来还听得懂的德语现在也听不懂了，要和她沟通就必须说英语。在长期观察后，医师慢慢发现安娜小姐的症状似乎有某种规律性：每天一到下午她即昏昏欲睡，进入一种类似梦游的状态中，太阳下山后，她又进入一种更深的、类似睡眠的状态中；也许真的会睡着，但没睡多久，她就会开始感到烦躁不安，口里喊着“折磨啊！折磨啊！”好似看到什么令她痛苦的景象（但她的眼睛却是闭着的），有时候还会喃喃自语，虽然不清楚她在说些什么，但似乎在暗示她内心的痛苦。如果在这段时间，她能将它们说出来，即使是语无伦次，则在清醒过来后，她就会显得较平静，心情较舒坦，而第二天的表现也较正常。

这个周期，事实上是她以前照顾父亲时的起居形态之重演——每天在午后休息、睡觉，然后在入夜后到床边照顾父亲，直到翌日清晨。而她在梦游及昏睡状态中所经历的幻觉，似乎也与她父亲有关，如果有人对她重述她在幻觉状态中所透露的只言片语，她可能会就此编出一个生动的故事来，而这些故事所描述的通常是“一个小女孩正心焦地坐在病床边”这样的场景与内容。

面对安娜小姐，A医师除了鼓励她“多说”外，并决定将她催眠。安娜小姐是一个理想的催眠对象，在进入催眠状态后，A医师要她回想自己以前照顾父亲时的点点滴滴，特别是与她后来出现的各种症状相关的部分，结果有了如下重大的发现：在某次催眠状态中，安娜小姐说她父亲刚卧病在床时，由她和母亲轮流照顾。某天深夜，她在病床边不知不觉睡着了，但不久就惊醒过来，她摸摸父亲的额头，发现他在发高烧，而母亲又因有事而不在身边，她非常焦急但又无计可施。也许是太累了，她竟又朦胧睡去，右手臂靠在椅背上。又譬如在另一次催眠状态中，安娜小姐回想起某夜她坐在父亲的病床边，眼里噙满泪水，父亲突然问她现在几点了，但泪眼模糊的她却看不清楚，她将手表拿到自己的眼前，费了很大的劲才勉强看清楚。这样看时，手表的表面变得很大，而且她的两眼也斜视着。从这些催眠经验中，A医师终于了解到安娜小姐的诸多怪异症状，如肢体麻痹、只能用英语和人交谈、视觉障碍等，原来都肇因于她照顾父亲时令她感到难过的经历。而当安娜小姐在催眠状态中重演这些经历，将它们说出来，并发泄所伴随的情绪后，这些症状也就奇迹般地消失了。经由这种催眠疗法，安娜小姐慢慢恢复了正常，接受了父亲病重及死亡的残酷事实，将对父亲的挚爱留在心里，开始了她的新生。

☞解析

安娜小姐是一个症状相当复杂的歇斯底里病人。而A医师则是19世纪末维也纳的名医布鲁尔。1895年，布鲁尔和他的晚辈弗洛伊德——日后的精神分析鼻祖——合著《歇斯底里研究》一书，安娜小姐就是该书中的第一个病例。

人类很早就知道我们现在称为“歇斯底里”的现象，譬如一个好端端的人会突然出现怪异的言行举止，好像变成另一个人似的；或者会突然站不起来、四肢抽搐、对东西视而不见等。对这些奇怪的症状，自古迄今，有很多不同的解释，而其理论的演变正可以说是人类心理发展史的一个小缩影。

歇斯底里症至少有二千多年的历史

歇斯底里（hysteria）这个词汇源自希腊文的“子宫”(hystera)，“歇斯底里”的原意为“子宫乱窜”。2400 年前，医学之父希伯克拉底认为有一种女人病，起因于受挫的子宫在体内乱窜（性障碍），当子宫跑到喉咙时，病人即会产生窒息感；当子宫跑到脾脏时，病人即会变得脾气暴躁。希伯克拉底认为治疗这种“歇斯底里”的最佳处方是——结婚。

但到了中世纪，当西方研究者将兴趣从物质层面转移到精神层面时，对歇斯底里的解释也发生了改变。当时的学者认为，歇斯底里或其他类似的异常乃是非物质力量——如恶魔、女巫等附在病人身上作祟所致。理性主义兴起后，大家的注意力又从精神层面转移到物质层面，歇斯底里逐渐被认为是神经系统方面的问题。在这方面贡献最大的当推法国的神经病学家沙考，他认为歇斯底里症是病人神经系统的一种遗传性变性作用所致——尽管在人体解剖及显微解剖上都无法发现这种神经系统的变性，但在整个理性思潮及唯物观念下，他却非常相信这一说法。他曾当众示范，以催眠术让病人产生或者解除歇斯底里的症状。催眠术对病人的作用虽是“非物质力量”，不过沙考却认为，病人的“可催眠性”也是神经系统变性的一种病征，并坚称正常人是不可能被催眠的。

布鲁尔和弗洛伊德在《歇斯底里研究》一书里又尝试将歇斯底里的成因从物质层面转移到精神层面。布鲁尔从对安娜小姐及其他病人的诊疗经验里发现，有相当多的歇斯底里症状乃是来自病人过去的创伤性经验。当心理创伤事件发生时，病人可能处于一种暂时性的意识恍惚或改变状态中（譬如极度惊慌、悲痛、狂乱等），但在完整的意识又告回复时，上述创伤经验及其所伴随的情感却和构成正常人格的意识主体分离，或者说它们成为当事者心灵中的“异物”，这个“异物”就好像郁积在皮肤底层的“脓疡”，而歇斯底里症状就好像“脓疡”引起的红肿热痛。治疗“脓疡”的方法是要切开它，将其内的脓引流出来，而治疗歇斯底里的方法则是让病人回想起作为其“心灵异物”的心理创伤事件，将它“说”出来，并“发泄”该事件所伴随的情感。

歇斯底里症是用身体诉说心情

歇斯底里的发作，实质上，乃是一种用身体向对方诉说自己心情的手段。从抒发自我心情，实现情感净化这点看，它与演戏并没有什么两样。在这个舞台上，主演者当然是发作歇斯底里的女人，观众便是束手无策的男性。女主角以歇斯底里的方式，把长期堆积于心中的愤懑毫不保留地倾泻出来。霎时，观众被其演技的魅力所迷住，不自觉地融身于其表演之中，最后，终于与那伤感的女演员发生共鸣。当舞台上的表演达到顶峰时，那女人突然微睁双眼，报以嫣然一笑。至此，称之为歇斯底里的演出以大团圆宣告结束，帷幕慢慢降下，男女双方把方才那脱离常轨的事变完全抛到脑后，代之而来的是只有他们两人共享的美好时刻。这样，一场歇斯底里的悲喜剧便取得了真正的成功，女人表演的大声狂呼、惨叫、乱抓乱挠、百般苦闷，在男人面前收到了理想的效果。但是，并非所有的表演都能如此顺利地归于大团圆结局，有的人尽管煞费苦心，却难免

事与愿违，结果往往是使男人越来越与之疏远，这样的情况在生活中不能说没有。大凡发作歇斯底里的女人，几乎都是情感丰富而且死心眼的人，而那些感觉迟钝、轻浮放荡的女人，压根儿就与歇斯底里无缘，因为她们在自己的丈夫那里受了委屈或者冷遇之后，马上就会投向其他男人的怀抱，以此来化解心中的不满和愤懑。歇斯底里这种现象，是钻牛角尖达到顶点时的总爆发。爆发越大，说明心情的压抑越强，也表明其死心眼的程度非同一般。无论是哪种歇斯底里，其发作的根本“目的”，都是想把对方的心拉到自己身上来，让他充分意识到自己的存在。因此，绝对不会演出令对方觉得讨厌或者厌倦的拙技来。因为，她们在哭闹的同时，还不时透过眼缝观察对方，合计着：“演到这个程度问题不大吧？”所以，只要“观众”表现出相应的紧张和慌乱并且给以适当的好言相慰，她们的病也就大体治好了。有这样的例子：有一位男士几乎每天都要出外应酬，饮酒作乐，冷落妻子，直到深夜时才带着醉意蹒跚归来，日子久了，其妻终于忍无可忍。某日夜里，当这位男士醉醺醺回来时，突然发现妻子双手已经痉挛，动弹不得，于是立即送到医院进行抢救，这才转危为安。很显然，这位妻子是由于过度气愤而产生了歇斯底里症状，而且症状还相当严重。但是从事情的另一面来看，这位妻子的歇斯底里症状，却在无形中挽回了丈夫“夜游”不归的心。

歇斯底里症是一种自我保护

日本心理学家宫诚先生解释说，“歇斯底里”症状实质上是一种自我保护的基本反应，这就像动物的“拟态”作用一样。当动物感觉到自身将要遭遇到危难时，就会改变自身的体色和形态，模仿他物，以保护自己的安全。女性的“歇斯底里”症状也多发生在遇到危难之时，她们有意无意地通过种种异常的躯体动作来摆脱所面临的险境。例如，一向与厉害的婆婆战战兢兢地生活的小媳妇，破天荒被允许回娘家。不过，到了必须再回婆家的日子里，她突然腹痛了起来，勉强地回到婆家的村子时，两脚竟然再也走不动了。又有一些大学生，碰到自己不拿手的学科考试时，竟然上吐下泻，以致不能参加考试。因此，弗洛伊德说，歇斯底里乃是欲求或者愿望移转到肉体的现象，也就是说，“借着病痛而逃避”。因为一旦罹病就不必回到婆家，上吐下泻就不必参加考试。所以，又称之为“在无意识之下，借着疾病谋利益的机制”。这样的事例并不少见，这样求得的自我保护，与动物的“拟态”确实有不少相仿之处。而一般男人所以将“歇斯底里”症状表现得十分模糊，是因为其基本反应较女性迟缓，他们由于更多地从事社会工作，往往用社会所认可的方式或态度去面对困难。而女性，尤其是能力不高，总想求得别人帮助，没有合适的自我保护方法的女性，则必然迅速表现出本能的反应。如果我们想要费尽心机企图去纠正女性的“歇斯底里”症状，即使用最为合理、最恰当的理论进行说服，也是无济于事的，因为本能的反应是稳固的。只有认真找出女性“歇斯底里”症状产生的原因，并予以妥善的解决，才是上策。

歇斯底里症女性多

有关歇斯底里症的统计不多（因为，即使我们身边的女性发生歇斯底里，也不可能逐一了解，因此，难以掌握确切的数据)，但大体上说，男女患者的比例为1:7或1:8，女性占压倒性的多数。这个统计指的只是那些需要住院的歇斯底里患者，不包括我们平日常说的“那人是歇斯底里”这类程度轻微的病人。当然，这后一类病人有时也的确需要住院治疗，否则会转成真正的歇斯底里症，所以不能轻视。

为什么女性歇斯底里症多？原因之一是，比起男性来，女性喜怒哀乐的表现更富于戏剧性；原因之二是，对于微小的刺激，女性就会表现出过度的反应；原因之三是，女性对于自己的反应不能及时“刹车”，往往会引起“短路”反应和莽撞式的行动。所谓“短路反应”者，譬如听到别人说，同事A小姐说你的坏话时，你并不去调查真假，只一味表示看错人，在感到遗憾之外，也毫不认输地开设一家“广播电台”，展开报复，造谣生事。至于所谓“莽撞式行动”者，就好像小鸟弄错方向飞进屋里一般，并不去找寻出口，一味地到处乱飞，以致撞到门墙上。以这两种方法来达成欲望的行为都很幼稚，就像小孩子的行动一般。另外还与女性的个性特征有关，因女性普遍存在着好幻想、易动情、意志较脆弱、暗示性较高的心理特点，如果在其成长过程中，父母过于溺爱、或有其他不良环境因素的影响，使其形成任性、孤僻，自我显示、好出风头，以感情代替理智，以幻想代替现实的性格缺陷，那么，一旦其人生过高的要求不能如愿，或生活发生重大变故（如亲人亡故、夫妻离异等），或受到恐吓、误解、侮辱、委屈等，就会使心理承受能力崩溃，导致歇斯底里症的产生。

在现代社会里，引起女人歇斯底里有八成的原因与男性密不可分。纵然说女人歇斯底里背后的原因是男人，也不至于过分。因此，当你的妻子频频发出歇斯底里症时，男人们最好要再三地自省一番。一般说来，在日常生活中，时时发作歇斯底里症的女性，很少具有危险性，倒是拼命压抑的女人才最危险。发现丈夫在外面拈花惹草，以致如宣传车一般，闹得惊天动地的妻子，恐怕买给她几件新装，仍然不能平息她的“火山爆发”呢！

歇斯底里性格

多数歇斯底里病人都有比较特殊的歇斯底里性格，歇斯底里性格的主要特征是过分感情用事或言行夸张，并藉此吸引他人注意，故又称表演性人格，国外称之为“表演行为”和“争取注意”。据报道，在普通人群中，包括尚未达到歇斯底里症程度的在内，有2% ~3%的人具有歇斯底里性格。

歇斯底里病人的性格具有高度情感性，他们的情感反应强烈且极不稳定，变化多端，如片刻前还是满面春风，转眼间就会阴云密布，情绪时高时低，变化常只在瞬息之间。他们喜欢表现自己，渴望成为各种公众活动场合的主角和引人注目的焦点。他们不能容忍自己的要求被拖延，富于幻想，常常有意或无意地将自己融入幻想境界中，并扮演着其中的某个角色。总之，歇斯底里性格给人的印象是肤浅、不稳定或不成熟，若作简单罗列，可有以下一些特点：(1) 表情夸张，犹如演戏一般，装腔作势，情感体验肤浅。(2) 暗示性高，很容易受他人的影响。(3) 自我中心，强求别人符合他的需求或意志，不如意就给别人难堪或强烈不满。(4) 经常渴望得到表扬和同情，情绪易波动。(5) 寻求刺激，过多地参与各种社交活动。(6) 需要别人经常注意，为了引起注意，不惜哗众取宠、危言耸听，或者在外貌和行为方面表现得过分吸引他人。(7)情感反应强烈易变，完全按个人的情感判断好坏。(8)说话夸大其词，掺杂幻想情节，缺乏具体的真实细节，难以核实。

歇斯底里的表现

歇斯底里症又称为癔症。而在人类的各种疾病中，几乎可以说歇斯底里症的症状表现最为繁多。它可以表现出人体各系统和各部位的症状，其发作形式五花八门、包罗万象，有时又与其他疾病互为混淆、真假难辨，很容易误诊。如最常见的歇斯底里性痉挛，发作时病人四肢抽搐、呼吸急迫、双目紧闭，与癫痫发作极为相似。歇斯底里假性痴呆病人貌似低能，会说错自己的年龄、姓名，把2+2的结果回答成3或5，然而仔细检查，会发现他们对复杂的计算或事件的回忆却能精确无误，病人的智能其实并无缺陷。歇斯底里瘫痪患者可长年瘫痪不起，而检查时却无瘫痪体征。曾有一病人多年瘫痪于床，某日忽闻邻居疾呼“着火啦!”便迅即跳下床，拎起皮箱夺门而出，多年瘫痪即此而愈。歇斯底里失明及失聪者虽视、听觉丧失，行走时却能避开障碍物，睡眠中唤之能醒。国外一位学者称“歇斯底里患者是一个了不起的乔装能手，一位万能的模仿巧匠，是变色龙”。他所说的“乔装”、“模仿”均是喻意，并非真正装病，因装病者往往为达到某一目的而“生病”，目的达到“病”即不治自愈。而歇斯底里病人没有这种意识和动机，他们不能以自己的主观意志来左右病情。

现在医学上把歇斯底里症的症状分为两大类，一类以肢体麻痹、视觉障碍等身体各器官的功能失常为主，此称为“转换型”症状；另一类则以人格、思想、情感、记忆等精神功能的解离为主，此称为“分离型”症状。安娜小姐是这两类症状兼而有之，但多数病人则以某一类症状为主，而分别称为“转换型”或“分离型”的歇斯底里症。不管从历史或社会的角度来看，歇斯底里症都是我们了解变态心理的一个巨大的水晶球，而安娜小姐恰似这个巨大水晶球的缩影。

如何帮助歇斯底里患者

歇斯底里患者是很容易接受暗示的人，如一个病人看到诊断书上写有“肝硬化”，立刻就会觉得肝区疼痛起来，而其实是拿错了别人的病历。这类病人在诊治上对权威的解释、对药物特效性的宣传就能产生极大的治疗作用。有名望的医生断言他很快就会痊愈，然后给他任何一种无益无害的药片说是特效药，均能改变症状，以致很快消失。因此一是不要主动夸大患者的症状：如一位上夜班的女工声称右手麻木，旁边的医生告诉她的同伴“要当心，她的左手可能也麻木”。结果，还未回到家中，她的左手也开始麻木了。所以对待这类病人，家属过多地担心、提示，以及问痛问痒都会诱发症状的发展和迁延。二是要避免症状的“人来疯”。病人哭笑、狂怒的情绪症状和痉挛的躯体症状在独处的情况下可能较稳定，可亲朋好友频繁探望或劝慰不当时，往往也会诱使发作。因为，引起大家注意，是病人的一大特点。三是要对病人关心体贴。因为需要爱抚、照顾正是他潜意识的一种心理欲望；而过度的照顾、安慰会使病人用发作来获得爱怜。病情一旦好转就应该上班工作，防止对“病”的依赖。四是要多向病人传递健康的信息：其实这也是一种暗示，不过是积极的暗示罢了，可以当面表扬他的能干、坚强，赞扬他的病好得很快等。如果在他能听到的情况下向别人讲述病人的积极变化，则能起到更好的“疗效”。较有效的方法是由医师将病人催眠，让病人在可操控的情况下进入“另一种意识状态”中，然后再有计划、有系统地去挖掘埋藏在她记忆底层的心事。布鲁尔治疗安娜小姐用的就是这种方法。

歇斯底里病人如何自助

歇斯底里症是完全可以防止和避免反复发作的。患者首先要培养宽容性格，这类患者大都有任性、欲望过强等特点，一个欲望实现了，另一个欲望又产生了。其次，虚荣心较强，喜欢炫耀自己，希望引起别人的注意。对于这些缺点要注意克服。再次，避免人际冲突。在工作单位和家庭之中的人际矛盾是诱发病的客观原因。他们往往对人生硬、固执、嫉妒心强、爱感情用事、常与别人争执。平时注意改善同伴与家属的关系，调换过于紧张的工作环境，都能减少发病的机会。最后，防止情绪的激烈波动。歇斯底里症本身就具有强烈的情绪色彩。工作失业、考试失败、婚姻矛盾以及亲人病故等，都会引起病人情绪波动，诱发歇斯底里症。针对这种情况，在事发前后，应主动做好他们的解劝、开导工作。实践证明，对歇斯底里症的事前宽慰是有效预防发病的方法。

歇斯底里倾向测验

下面列有45个条目。你可以用"√"号选出符合自己的性格、行动、想法的条目，只有部分符合时，就在那一部分下面画一条线。

(1) 人们注意我，我的一言一行都成了人们议论的话题。

(2) 我受到人们不公正的待遇，人们都贬低我，抬高别人。

(3) 我变坏是因为这个社会，因为我周围的人太坏了。

(4) 我本来应该有更多的财产，受到更良好的教育。

(5) 大家再关心我一点就好了，不仅仅是我的父母，我的老师和前辈要是都来替我操心就好了。

(6) 我和周围的人以及领导都相处得很好，我也注意待人接物，也常常请客送礼，办事又周到，人们应该更加器重我一点才对。

(7) 我常向别人诉说自己的不幸、自己的厄运及周围不公平的事，但别人都不愿听，人们应该更热情地听取我的意见才对。

(8) 我觉得最痛苦的事是，人们不搭理我，把我忘了，疏远了我。

(9) 许多人都八面玲珑，假装老实，办事圆滑，我一个人正直只有自己吃亏。

(10) 一点儿也不比我强、不比我漂亮的人过上了比我好得多的生活，真令人遗憾。

(11) 我周围有许多不公正和不公平的事，我一直在向上面汇报情况，为清除这种不公正和不公平作出努力。

（12）要是有再好一点的环境条件，我的才干一定会远远地超过现在。

（13）很多事情令我羡慕，我羡慕人家的财产，羡慕人家的才华和美貌。

（14）我想成为名人，我想做有名的声乐家、演奏家、棒球手、电影明星或政治家。总之，我想成为有名望、有气派、有身份的人，不论走到哪里都有人鼓掌欢迎。成为这样的人对我来说是至高无上的幸福。我憧憬着这一天，幻想着这一天的到来。

（15）我想成为一个被称为绝顶聪明的天才式人物。

（16）我想做出震惊世界的事。

（17）我想出入豪门的社交场合。

（18）我想过豪华的生活，我希望拥有高档服装和用品。

（19）我想穿上摩登的衣服，和高贵的人坐高级车到处走走。

（20）我想成为一个哪里都有人认识、有人来奉承的人。

（21）我喜欢在大庭广众之下和外国人滔滔不绝地讲话。

（22）我认为在公司几十年如一日地抄抄写写，不是有本事的人应干的工作。

（23）看见别人炫耀自己的时装和物品，我不胜感慨，我非常想拥有这些东西。

（24）我厌恶贫穷，与其赖活着不如求个好死。

（25）我不想被人瞧不起，我希望女人（或男人）把我看作出类拔萃的人。为此，我有意培养自己的广泛兴趣，我在说话、写信方面很注意措词及行文使人觉得我有高超之处。

（26）我想和有教养、有财产、有社会地位或将来有前途的人交往。

（27）若喜欢某个人，我有充分自信把他（她）弄到手。

（28）跟人来往我就喜欢豪爽气派，我不想跟那些小气穷酸的人交际。

（29）我想在家里举行隆重的晚宴，招待八方客人，我自己做东道主。

（30）我喜欢请客或被请去作客。

（31）拜访人家时，我不愿意空手而去，别人来作客，我总要送点东西给人家。

（32）在困难时去求别人，若别人毫无同情之心，装着素不相识的样子，那就很令人愤怒，真恨不得把他杀掉。

（33）别人求我或向我诉苦时，即使我无力相助，我也总是满怀同情地听别人讲，并说些安慰话，使他振作起来，令他看到希望。

（34）无论背后怎么贬低某人，见面说话时，我还是能够笑脸相迎，说几句恭维话。

（35）朋友之间有什么纠葛或冲突时，只要我出面，一般总是能把问题圆满解决。

（36）我认为自己够灵活，接受力强，无论音乐、舞蹈、戏剧、诗歌、美术、文学或体育，我无一不通，样样俱能。

（37）演悲剧角色时我真的会感到悲伤；演恋人时，我觉得自己也在恋爱了。

（38）模仿异性的姿势和表情时，我恍惚觉得自己也变成了另一性别的人。

（39）我和人说话时，只要一打开话匣子就没完没了，我会觉得话题一个接一个地涌上来。

（40）只要从别人那里听到一鳞半爪的消息，我就可以把它大肆改编一番，说给其他人听。

（41）我有辩论的本领，我很乐意人们说我能说会道。

（42）我不能做到傻乎乎地听人家讲废话

（43）我有许多计划和设想，有许多新奇、绝妙、有意义的想法接连不断地浮现在我的脑际。

（44）如果别人不以我的意志为转移，我会觉得很难受。

（45）有时我会疯疯癫癫地跟人搞恶作剧。

以上条目都是歇斯底里性格的主要特征，45 项中若有 50% 以上打上“√”号，就可以判断具有该种性格。另外，详细一点还可以检查一下画上底线的地方以此作为反省自己的资料。无论男性或是女性，都有可能出现歇斯底里倾向，这种倾向性的主要特征可以归纳如下：易动感情，情绪常受到周围环境的影响，好胜心强，任性、浅薄、缺乏理性思维，虚荣心强，喜欢奉承，言行做作，富于幻想，行事夸张。

七、举世皆睡我独醒

——睡眠与失眠漫谈

☞**案例**

案例一：他，31岁，失眠时间：偶尔。他自述：我从来不把自己列为“失眠”一族，我属于夜猫子，愈夜深愈狂欢的那种，仿佛身上有用不完的激情。夜里十二点，我的大脑开始兴奋，直至三四点钟才能躺在床上，有时候再接朋友的电话，一聊就是天亮。通常我的早上和上午都是睡觉时间。可是，最近我发现在清晨睡觉的“黄金时间”，却无法入眠了？兴奋带着焦躁能持续到早上六点多，早上窗外的嘈杂声比以往任何时候都清晰可闻，都说女人精神敏感容易失眠，我一个大男人也会……想起自己患上失眠症就害怕，于是我就刻意把睡觉时间提前到夜里一点钟。然后，又比平时提前半天时间上床，刚开始，把头埋在被子里，结果能清晰地听到自己的呼吸声和墙上闹钟走动的声音，想起朋友教的“数几只羊”的方法，当数到十万只的时候，我还没睡着，起来一看表，凌晨四点，我快崩溃了……

案例二：她，25岁，失眠时间：3个月。她自述：大学毕业前夕，不知道从哪个晚上起，我遭遇了可怕的失眠。医生说，是找工作的压力太大造成的。于是，我开始服用一些安神的药物，试了很多种药，结果还是夜夜不能寐。从此，我把“失眠”看成我生活中的一个大敌。我的工作是编辑，经常需要熬夜赶稿子，这种偶尔不规律的生活，使我在与失眠作斗争的路上，屡战屡败，屡败屡战，一周我能三个晚上睡好就不错了。最近，编辑部走了一个同事，老总临时把她余下的工作分给了我，工作量比平时又多了一倍，一下子，我从心理上和身体上都无法适应，可怕的失眠也越来越严重了。这几天，杂志要出来了，我连续加班两个晚上，头昏昏沉沉的，但丝毫没有睡意。还有，24岁后就伴着我的黑眼圈让我还算漂亮的大眼睛黯然神伤；记忆力也在与日俱增地呈下降趋势；甚至还有女人最可怕的大敌——便秘，都来了！我的日子也因为失眠更加诚惶诚恐……

案例三：她，35岁，失眠时间：5年。她自述：我是在知道老公有外遇的情况下，患上失眠症的。那是5年前，我怀孕期间，在我知道老公和他公司的秘书有染的那天晚上，我一夜没合眼，这件事对我的打击太大了，我眼前全是他们在一起的情形。尽管老公一再对我说他仅有一次，保证以后再也不会了，但是，后面几天，我还是无法入睡，即使有短暂的睡眠也是在做梦。后来他真的不再和那个女人来往。但是，我似乎无法控制胡思乱想的大脑，从那天起，我患上了严重的失眠。因为他工作很忙，经常很晚才回家，在他回来之前，我是不可能入眠的。很久以来，我的休息状况一点都不好，这么多年的失眠让我比同龄的女人看起来苍老很多，眼袋皱纹让我心情变得很糟糕。我也求治过西医中医，但是，效果都不明显。我很想摆脱这让我痛苦不堪的失眠，它让我的心情很糟糕，生活变得很乱。尽管丈夫也很体贴我，晚上尽量不在外面应酬，早点回家，但是，我觉得自己像他的影子一样，离开他，就不知道活了！

☞解析

什么是睡眠和失眠

上述三个案例中的人物无疑都患上了失眠症。那么失眠在精神医学中是怎么界定的呢？要了解这一点我们先要弄清什么是睡眠。睡眠是感官意识降低、自主活动丧失的一种生理状态，是一种周期性的状态。也可以这样认为，当有关事物的外观、声音等有关信息，由感觉获取，送往大脑进行组织和解释，从而能够理解所见所闻，并敏锐地作出反应时，我们称为觉醒。然而，当这些大脑细胞的活动逐渐变慢，不能及时组织输送和解释与作出反应时，称为睡眠。睡眠，就心理学而言，是大脑的一种保护性抑制。睡眠充足，精神饱满；睡眠不足，精神萎靡。难怪莎士比亚把睡眠称为“疲劳者的沐浴”、“生命盛筵上的主要营养”。

我们知道了睡眠，那什么是失眠就容易理解了。失眠是现代人普遍的困扰，失眠不单指睡不着觉，还包含睡不深（容易中断）及睡眠质量不良等情况。《中国失眠定义、诊断及药物治疗专家共识》中，对失眠给出的定义是：失眠通常是指患者对睡眠时间和（或）质量不满足并影响白天社会功能的一种主观体验。临床常见的失眠形式有：睡眠潜伏期延长，入睡时间超过 30 分钟；睡眠维持障碍，夜间醒来次数在两次以上或凌晨早醒；睡眠质量下降，睡眠浅、多梦等。失眠，虽然不是什么大病，却常造成身心各方面的诸多困扰，如注意力分散、记忆力变差、疲倦、体力衰退、头昏、头痛、心情低落等，可见失眠直接或间接地影响一个人的日常生活功能及人际关系。正是“玉阶生白露，夜久侵罗袜；却下水晶帘，玲珑望秋月”。(李白《玉阶怨》) 瞧，失眠对人的身心，就是这样的熬煎，尤其对老年人更是难受。

我们为什么要睡眠?

在人的一生中，约有 1/3 的时间是在睡眠中度过的，由此可见睡眠对每一个人是多么重要。从某种意义上说，睡眠的质量决定着生活的质量。可是一个人为什么要睡眠？这个问题一直是科学家想要彻底解决的问题。到目前为止，科学家们针对睡眠的原因提出了几种说法，从养精蓄锐的浅显理论到涉及记忆处理的复杂理论，对人类的睡眠进行了全面的探讨。

最普遍的观点认为睡觉是为了消除体力的疲劳，弥补一天劳累的耗损。“体力恢复”观点的证据是：在睡眠的最初数小时内，大脑基底部的脑垂体会释放出大量的生长激素，这种生长激素能促进体内蛋白质的代谢，从而促进体内组织的生长和修复。伦敦临床营养、代谢研究组织的彼得·加里克博士对此持否定态度。他认为，对体内蛋白质代谢影响最大的是饮食。进食时组织蛋白质就增加，而禁食时则下降。蛋白质代谢在夜间变化的主要原因并非是睡眠本身，而是人们在夜间不进食。加里克认为一个人不管从事何种体力或脑力劳动，不管疲劳程度如何，即便一连 8 ~ 11 天不睡觉，身体功能仍无损害。研究人员在一项睡眠实验中检查了 3 ~ 5 天不睡觉的人的尿液，发现这些人的尿液中氮的含量变化不足百分之一。氮是体内蛋白质代谢的天然指标，由此可以判断，这些受试者的生理功能并未下降。此外，那些自愿减少睡眠达两个半小时的人，在一年以后并无任何病态表现，也没有因睡眠减少而在白天疲惫不堪。

最有说服力的观点是美国波士顿精神健康中心睡眠实验室主任哈特曼教授提出的。他认为睡觉有两个功能：第一是消除体力疲劳，第二是消除精神疲劳。而消除体力疲劳在他看来是毋庸置疑的，而消除精神疲劳的功能则是近年来他在研究短睡眠者中发现的。哈特曼曾将每晚只睡 4 小时的短睡眠者与每晚要睡 8～9 小时的长睡眠者作一比较，他发现短睡眠者和长睡眠者在生理上没有什么差异。他们的身高、体重，甚至智力都是相同的。而他们各自的心理状态却有很大区别：长睡眠者总是忧心忡忡，而短睡眠者却极为乐观。哈特曼认为，消除体力疲劳主要发生在睡眠初期的所谓慢波睡眠中，即从瞌睡、浅睡到深睡这段时间内以及深睡以后的慢波睡眠中。短睡眠者和长睡眠者几乎以同等的比例经历了慢波睡眠。而恢复精神疲劳主要发生在深睡以后的速眼动睡眠期。由于长睡眠者比短睡眠者有过多的忧虑，他们需要恢复精神疲劳的时间比短睡眠者长；而短睡眠者则恰恰相反。

另有一种观点认为，睡眠的主要功能是恢复大脑的疲劳。他们列举了海豚的睡眠事实。有一种海豚可以在清醒状态下使身体休息，但是它们仍需睡眠，睡眠的方式很奇特：在一小时内轮流使一半脑子睡眠，另一半脑子保持清醒状态。据测定，这一半睡觉的脑子是以深睡眠为主要睡眠方式的，由此看来，海豚的睡眠主要是恢复大脑的疲劳，而与体力恢复无关。海豚在睡眠时，身体依然在水里游弋。英国剑桥大学实用心理学专家威尔金森博士对海豚的例子不屑一顾。他认为动物的睡眠模式不能说明人的睡眠，动物和人的进化环境不同，各自的睡眠机理当然不能相提并论。威尔金森等人发现在禁止睡眠的实验初期，不眠者仍能随着旭日东升而精神振奋，在许多方面与平时并无差异。据统计，75%的人在一夜不眠之后，脑电图反应正常。即使在长期的禁止睡眠的实验中，受试者的中枢神经系统的机能也未见失调迹象。

有一种观点走得更远，认为人的睡眠根本没有恢复体力的作用，仅仅是人们打发黑夜的本能行为。

以上数种观点究竟孰是孰非，目前还难以定论。由于脑内控制睡眠的神经环路极为复杂，这就给揭示睡眠的秘密带来了很大的困难。

睡眠的机制是什么？

科学家们发现多数哺乳动物（海豚和鲸或许除外）的睡眠被清晰地分成两种完全不同的状态：一种叫做快波睡眠（浅睡），也有人把这种睡眠状态称速眼动睡眠。顾名思义，就是睡眠时眼球转动得很快，大脑也非常活跃，人做梦都是出现在这个时期。另一种状态则直接被称为慢波睡眠，也叫做非速眼动睡眠（深睡），它是第一种状态的深化，睡眠进入了更深的无意识状态。科学家发现，快波睡眠和慢波睡眠的作用是不一样的，两种状态在睡眠过程中交替出现。人类通常在90分钟之内完成由快波睡眠过渡到慢波睡眠的过程。

深度睡眠期大脑细胞完全休息，使精力得到充分恢复；所有身体的机能活动下降，呼吸慢而平稳、心率、血压降低、新陈代谢减缓、副交感神经占优势；脑电波速度变慢，波幅变大；体温下降；生长激素分泌达到高峰；免疫物质产生最多。

快波睡眠期的特征，表现眼球快速转动，全身肌肉完全松弛，但有的小肌肉如脚趾、手指、面肌还有抽动，阴茎出现勃起现象，呼吸变快、脉搏、血压升高变得不规则等交感神经兴奋现象；脑电波变快如同清醒时的脑电波一样，在这一时期睡眠将其唤醒，大部分人都说正在做梦，因此又可称为做梦睡眠，如果遇有恶梦，梦境内容紧张、恐惧，使交感神经更加兴奋，会诱发原有心绞痛，心律不齐、脑血管病的发作，甚至“猝死”的发生，因此有“交感风暴”之称。

如果你通过脑电图观察人类在速眼动睡眠过程中的状态，你会发现仪器显示出很多大脑的行为。如果你在这期间把睡眠者唤醒，他们会告诉你刚刚梦到了什么。而在慢波睡眠过程中的梦，其组成不会超过一两幅简单的画面。不要理会那些关于梦的神话，那些试图寻找梦境隐含意义的科学家们的工作进程是不容乐观的。目前对于梦的解释最普遍的观点是梦境不过是重复了一小部分先前发生过的事。

每晚睡眠中有 4～5 个睡眠周期反复交替。根据脑电图及其他身体的变化判断，正常人入睡可分四个阶段，刚入睡时，朦朦胧胧，很容易被惊醒，并能听到周围发生的事情，这是睡眠开始的第 1 阶段（几分钟），又称朦胧期或瞌睡期；接着进入第 2 阶段，属于浅睡期（30～40 分钟），第 2 阶段睡眠是睡眠时间中最长的一个阶段，若以整夜计算，该期睡眠占总睡眠时间的 50%；随即第 3、第 4 阶段的深度睡眠出现，睡得很沉，意识消失。10 岁以前的儿童深度睡眠比成年人多，而且更深，当他们处在深度睡眠阶段时，几乎不可能将他们弄醒。60 岁以后深度睡眠明显减少，甚至完全消失。慢波睡眠经过 70～90 分钟左右，进入另一期性质不同的睡眠，此时，眼球作间断性快速地来回运动，叫快波睡眠，从入睡到快波睡眠为一个周期，然后再从浅睡眠进入深睡眠，再到快波睡眠结束称为第二个睡眠周期，如此，一夜睡眠经历4~5个睡眠周期的交替。大部分深度睡眠出现在前面2~3个周期，即入睡后3~4小时深度睡眠已经完成，这是恢复机体最有效的睡眠时间。快波睡眠越到后面的周期持续时间越长，第一个周期的快波睡眠持续时间只有5~10分钟，醒前最后一个周期的快波睡眠可长达30~40分钟。

我们到底需要多少睡眠?

几乎每个人在忙碌了一天之后，都要香香地睡上一觉。当然也有活了一辈子不睡觉的人，但那是极个别的。历史上有一个特别会睡觉的人，名叫塞缪尔·希尔顿。希尔顿身体结实健壮，并不肥胖。1694年5月13日希尔顿一觉睡了1个星期，周围的人无论用什么方法都不能唤醒他。1695年4月9日，希尔顿又大睡起来。人们请来医生给他放血，用火熏烫，施以各种刺激，可是全然无用。希尔顿这一次睡了17个星期，到8月7日才醒来。

与此相反的是，有些人的睡眠时间却少得出奇。美国《科学文摘》杂志载文介绍了一个每天只睡两小时的人。他名叫列奥波德·波林。每天只睡两小时的波林并不是在床上辗转反侧，难以入睡，他像一般人一样安甜地入睡。而且波林白天要连续工作10小时，从不感觉疲劳或头昏眼花。据波林自己回忆，在他五六岁时，每晚只睡6小时，而其他孩子在这样的年龄至少要睡10小时。

那么一个人到底需要睡多长呢？根据国外调查资料报道，

大部分人平均睡眠时间在 7～8 小时之间，约 7.5 小时，但是并不等于说“睡眠一定是 7.5 小时或 8 小时”，每天需要睡多少时间在同龄人中个体差异很大，即使同一个人夜与夜之间也不一样。至今还没有一个研究资料能确切的表明，人究竟睡几个小时才最合适。凡能使你第二天达到精力旺盛的状态所需的时间就是你自己需要的睡眠时间。

人的一生中每昼夜总睡眠时间随着年龄增长而减少，在生命的早期表现得尤为明显，一岁以内的婴儿每天睡 16～18 小时。3 个月之前每天睡 3～4 小时清醒一次，喂奶、吃饱了再睡，呈多相型睡眠模式。大部分 3 个月以后的婴儿，夜间能睡一个长觉不需要喂食。一岁幼儿每天睡 14 小时左右，5 岁儿童每天睡 12 小时左右，10 岁儿童每天睡 10 小时左右，白天清醒、夜间睡觉为单相型睡眠模式，到了青春期稳定于每天夜间 7～8 小时。

大多数老年人，夜间睡眠时间减少，平均约 6.5 小时，而且老年人的深度睡眠也减少，75 岁以后深度睡眠几乎消失，剩下的是浅睡眠和做梦睡眠，所以容易惊醒，醒的次数增多，而且起夜的次数也比年轻时多，因此老年人白天的精力和体力会感到没有年轻时那么好。有的老人白天呆坐在家里打盹的机会增多，午休的时间长了，会影响夜间的睡眠时间。喜欢外出活动的老人，他们夜间睡眠仍然很香，还能一觉睡到大天亮。

总之，睡眠时间的多少取决于个人需要，如果睡眠过短的人，自感精力不足时，应作适当调整。终究足够的睡眠是决定你充分发挥创造力的基础。但过长的睡眠与现代社会节奏不大相称，再说也是浪费时间。

我们为什么会失眠?

既然睡眠这么重要，那为什么我们还睡不好？可以说失眠的原因是多方面的，但归纳起来有以下几方面，一是年龄。相较于一般年轻人，老年人的睡眠时间及深睡期较少，且有比较多的人有睡眠障碍，因此年纪大的人较容易抱怨有睡眠方面的问题。二是身体方面的疾病。任何较严重的疼痛，如头痛、胃痛或由疾病本身造成的疼痛，都会使人难以入眠。三是精神疾病。患有抑郁症、焦虑症或恐怖症等精神疾病的患者也常有睡眠的障碍。如案例一就是这种情况，其失眠就是缘于他的“怕失眠”的心理。许多失眠患者都有“失眠期待性焦虑”，一上床就担心睡不着，或是尽力让自己入睡，结果适得其反。人的大脑皮层的高级神经活动有兴奋与抑制两个过程。白天脑细胞处于兴奋状态。工作一天后，就需要休整，进入抑制状态而睡眠，待休整一夜后，又自然转为清醒。“怕失眠，想入睡”，本意是想睡，但“怕失眠，想入睡”的思想，本身是脑细胞的兴奋过程，因此，越怕失眠，越想入睡，脑细胞就越兴奋，故而就更加失眠。四是药物滥用：常见的如酒精或助眠药物的滥用会改变睡眠型态而影响睡眠。五是生活压力或生活适应：生活中的压力未加以缓解，或生活环境的变动如更换新工作或新环境等，也会影响睡眠。也有些人在突然受到重大事件时：如亲人死亡、夫妻离异、失业、公司倒闭、股票起落时会出现失落、惊慌、久久不能平静，以致失眠。但通常一两个月就会恢复，是短期的失眠，但少数也会演变成慢性失眠。上述案例三就是由于老公出现外遇造成情绪不稳定，以致夜夜难眠，演变为慢性失眠。这类患者无特殊内科疾病或精神疾病，通常是先天操心型的，容易紧张、焦虑，平时有时候睡眠品质也不好，遇到重大压力、精神负荷增大时，就更睡不着了，久而久之就成了慢性失眠。六是生活或睡眠习惯不佳：日夜颠倒、入睡及起床时间不固定，在睡前使用具有提神的食物如咖啡、茶等，或在睡前作太激烈的运动也都是影响睡眠的因素。根据了解案例二就是喜欢饮咖啡一族，大学时代就培养了这种小资情调。茶、咖啡等刺激性饮料会扰乱正常睡眠。至于酒精，开始喝酒时，可促进睡眠，但长期喝酒，就像吃安眠药一样会上瘾，久了会影响正常睡眠，而且酒精会加速代谢，使其安眠作用于下半夜消失。还有，由于其工作性质，喜欢夜里写作，让大脑完全处于兴奋状态，违反生理时钟引起失眠。类似的情况还有，夜班轮值的工作；或外出旅游穿梭不同纬度。有时极度兴奋，喜极而泣也会睡不着，但通常是短暂的。再加上工作压力大，所以会出现严重失眠情况。

总之，失眠常有其原因，短暂的失眠或许不会造成生活上太大的困扰，但持续性的失眠会使患者不但晚上苦恼，白天亦无法正常地工作、生活、读书、作息等，间接地对其关系密切的家属、亲友及同事亦会有所影响。

失眠的分类及表现

依失眠时间的长短可分为短暂性失眠（小于一周），短期性失眠（一周至一个月）和慢性失眠（大于一个月）。

短暂性失眠：大部分的人在遇到压力、刺激、兴奋、焦虑时；生病时；至高海拔的地方；或者睡眠规律改变时（如时差、轮班的工作等）都会有短暂性失眠障碍。大部分这方面的失眠会随着事件的消失或时间的拉长而改善。但是短暂性失眠如未接受适当的处理，有部分的人亦会导致慢性失眠。短暂性失眠主要治疗原则为间歇性使用低剂量镇静安眠药或其他可助眠之药物，如抗抑郁剂和保持好的睡眠卫生习惯。

短期性失眠：严重或持续性压力，像重大身体疾病或开刀、亲朋好友的过世，严重的家庭、工作或人际关系的问题等皆可能会导致短期性失眠。此种失眠与压力有明显的相关性。治疗原则为短期使用低剂量镇静安眠药或其他可助眠的方法如抗抑郁剂和行为治疗（如睡眠卫生、压力处理等）。和短暂性失眠一样，短期性失眠如未接受适当的处理，有部分的人亦会导致慢性失眠。

慢性失眠：比起短暂性和短期性失眠，慢性失眠的原因是很复杂的且较难发现。而许多的慢性失眠是多种原因合在一起所造成的。可能会造成慢性失眠的原因，可通过问自己下列问题来识别。

是否有身体方面的疾病导致失眠？（据研究许多慢性病皆和失眠有关）

是否有精神疾病或情绪障碍而导致失眠？

是否使用药物、酒精、刺激物或毒品等与失眠有关的物品？

是否有觉醒睡眠周期紊乱而导致失眠？

是否睡前小腿有不舒服的感觉或睡觉中脚会不自主地抽动而导致失眠？

是否睡觉时打呼噜、有不规律的呼吸或其他呼吸障碍而导致失眠？

是否为原发性失眠？（即无任何原因的失眠）

依据失眠的症状表现可有以下类型：入睡困难：即上床至熟睡之间（睡眠潜伏期）延长，其程度有不同，重者常自云“彻夜无眠”。上床之后，虽力图入睡，而又睡意毫无，一切喜怒哀乐之往事，皆萦绕于脑际，追想既往，悬念将来，虽力加摒除，而终无济于事。“犹如银幕之开映，有如夏云之随风，层出不穷，瞬息万变，久之，精神已疲，极欲思睡，方始交睫，而种种憧憬幻境，恍惚如在目前，有不能断绝之势，愈欲睡愈不能入睡，直至月残鸡啼，晨钟破晓，意态始觉朦胧，但又为晨间闹声所扰乱，心焦气闷，痛苦不堪。”早醒：中途醒转，不能再行入睡，故有“习惯醒”之名，所谓“习惯醒”即在固定时间醒转，如第一夜于子夜 2 时醒转，第二夜亦复如是，以至于随后诸夜，无不皆然。“钟鸣二下，不能重温旧梦，甚则倚而待旦，怅闷无言，或香烟缭绕以消磨长夜，或辗转反侧于床第之间。”易醒：夜间多次醒转，或终夜为恶梦所忧，疲惫不堪，或无梦干扰，而多次自然醒转。浅睡：稍闻声息，遽然惊醒，醒后又难以再行入睡。少睡：整夜或昼夜的睡眠时间减少（60 岁以后，多属生理性），但与个体的情绪与体力的差异关系很大。模式颠倒：夜间不睡，白天打盹，此属于生物钟习惯与睡眠的质变。离神：主观性失眠，精神疲惫，日夜思睡，偶尔惊醒，辄感不快，且睡时恍恍惚惚，鼾声直达户外，而自身则不觉入睡，且为“未尝交睫也”。此种似睡非睡之状，其痛苦较之上述各种失眠为尤甚，中医所谓“离神者是也”。

挥别失眠的梦魔，失眠的克服

正确使用安眠药

过去由于对安眠药的许多迷惑和复杂心理，使得安眠药成为医师和病人间一个尴尬的议题。病人害怕安眠药，医师自己也不喜欢，这些态度平添了许多患者的心理负担，每天临睡前不仅要和害怕失眠搏斗，还得和安眠药讨价还价。总是认为应该“先睡睡看，可以不吃就不吃，睡不着再起来吃”，结果都到凌晨了还在犹豫要不要吃药，这种矛盾心理更强化失眠。因此了解安眠药的好处和坏处，正确安心地使用它是克服失眠的第一步。有几项原则提供大家参考：第一，先思考对自己的睡眠问题和安眠药究竟了解多少，过去对安眠药的知识已经足够了吗？有疑惑的话就必须和专业医疗人员讨论，流传的有关知识大多是一知半解的。第二，你的睡眠问题是否已经严重到影响每天的日间功能？假如有的话，初期使用安眠药往往是治疗上的必要措施，吃药也许不是最好的方法，但是不吃药对身心的影响却有可能更糟糕。第三，你有临睡前举棋不定，为该不该吃药而感到矛盾吗？假如答案是肯定的，那最好先固定上床和用药的时刻，不要怀疑。第四，你是否一直都想要不靠药物就能够入睡？假如是的话，是否心理已经准备好，要接受减药时失眠可能又会再度出现的事实？对于长期失眠的患者而言，药物治疗假如能够搭配熟练的认知行为治疗技巧，大多数都不难达到不用天天吃的理想，能够完全减药者也大有人在。

身心放松训练

失眠症患者会处在全身肌肉绷紧的状态，这种生理性的紧绷是不利于入睡的常见因素之一，因此早期的行为治疗的方法是教导患者学习渐进式的全身肌肉放松技巧。目前的治疗方案是能够兼顾每一个层次的身心状态，全面降低情绪、思考、自律神经的干扰状态，然后集中于某一特殊状态深入练习，假如选择对了，数羊或静坐、念佛都有好处。不过这些行为技巧都必须是在一个前提下才有效，就是不能期待太高而过于认真，否则便与原来的目的背道而驰。身心放松练习主要的目的不仅在“放松”肌肉，还要“放空”心思和情绪，去除这些干扰因素后，睡眠自然来。当然这些技巧的运用必须搭配日常生活的起居作息，包括临睡前的活动安排等。

限眠疗法

失眠患者每天苦于睡眠不足，都希望补充睡眠，因此躺在床上的时间自然变长，但是结果却往往不如所愿，反而因为躺在床上清醒时间变多，使得睡眠被冲淡稀释，效率变差，增加了条件制约效应。尤其当这种补眠动作在白天进行时，会进而破坏日夜生理节奏，更不利于晚上的睡眠。限眠疗法必须先行备好完整的睡、醒作息记录（日记），将患者自评的大约平均睡眠时数设定为躺床睡眠期间，然后以早上已经完全清醒时为基准点，推定入睡时段。以每夜不低于4个半小时为原则，必须禁止在以外的时间躺床或瞌睡。实施这种限眠疗法的病人可以自行计算睡眠效率。当效率超过90%时可以每周延长15分钟睡眠；当效率低于85%时则可策略性地再缩短躺床时间。这种疗法通常初期两三个星期是最困难的时期，但熬过最初这阵子以后都不难完成约两个月的疗程。

刺激控制法

刺激控制法系根据行为治疗的原理来设计的，失眠作为一种环境条件刺激的习惯反应，要进行反制约就必须改变习惯，就像有些人在某张床上睡不着，换了另一张床反而就睡着了。刺激控制法建议患者躺床后除性生活外禁止其他非关睡眠的行为，包括阅读、看电视、商量家事、检讨或计划日间工作、甚至看钟等，床只和睡眠有关。睡前时段建立一套常规仪式，诸如盥洗、卸妆、保养、柔软操、选择性地听音乐或阅读等

（最好别在床上，除非是失眠以前就有的习惯），每天遵行来培养睡意。刺激控制法最主要的做法是，在熄灯准备入睡后，有好一阵子睡不着的感觉出现时，便必须离开卧室，可以在客厅或其他房间从事一些宁静而不费神的活动，约莫半个小时，等焦虑感淡去、或困倦感上升时再回卧室躺床，可重复施行。失眠者往往有个“坏”习惯，就是睡不着还坚持躺床，想抓住一点点睡意，可惜这种念头却是睡眠的大敌。因此在治疗的第一周会很痛苦，有时睡眠甚至会更坏；但是有治疗师或家人支持，一般不难熬过去。睡眠已经困扰了那么多年，应该给自己一个尝试改变的机会。

自我改善睡眠的方法

迪帕克·佐普拉博士在他的《轻松的睡眠》一书中提到了一些改善睡眠的方法。下面就是其中的一部分。

早吃少吃。打完扑克牌或者看完晚场电影之后美美地吃上一顿，当然是件惬意的事。但是，深夜进餐对你的睡眠不利。你的新陈代谢需要一段平静的时间。如果你能在饭后散步5～15分钟的话，可能更有利于消化，而且你会觉得特别轻松。

放下手头的工作。夜晚是为休息准备的，而不是用来弹奏吉他，也不是用来打扫房间，或者打电话询问什么消息。通常情况下，你希望在就寝时间到来时略感疲倦或者昏昏欲睡，那么，放下你手中的杂志，关掉放着舒缓音乐的录音机，暂停与你妻子或者女朋友的谈话。悠闲地喝上一杯热饮很舒服，但是咖啡因能在你的血管中停留6个小时以上，让你在大半夜里还保持清醒。

调整你的身体。在就寝前喝一杯热牛奶能帮助你很快入睡。这并不是老掉牙的神话，它有一定的道理。牛奶含有色氨酸，这种天然的氨基酸能帮助你入睡。

切勿饮酒。虽然大量的乙醇会使你不省人事，但是它对你的睡眠没有任何好处。事实上，饮酒抑制了你做梦状态的睡眠。睡前少量饮酒会使你在第二天醒来时感到更加疲惫。

白天尽可能多做事。白天繁忙的工作会让你晚上睡得更好，因为身体需要充足的睡眠以恢复精力，让你感觉良好。

欣赏周围的环境。研究表明，看一些令人愉悦的东西是一种放松，它有助于你的睡眠。最好以轻松的格调布置你的卧室。如果你的卧室能够看到远处美丽的风景，那么最好把你的床移到窗户边，以便欣赏外面的景色。或者在墙上挂一幅风景画，或者在写字桌上放一缸金鱼。总之，要营造一个宽松舒适的环境。

调整你的闹钟。如果你在上床后 1 小时或者更长时间里还是辗转反侧无法入睡的话，那么请你调整你的闹钟。让你的闹钟每天早晨都提前 3 ~ 5 分钟响。提前起床自然会使你在晚上的时候感到更加疲倦，这样你就会很快地入睡了。但是，必须坚持——即使是在周末。否则的话，你的身体就会不适应这个新的作息时间表。

失眠的自我测试

本测试标准用于记录你对遇到过的睡眠障碍的自我表现评估。对于以下列出的问题，如果在过去 1 个月内每星期至少发生 3 次，就请你圈点相应的自我评估结果。

入睡时间（关灯后到睡着的时间）

0. 没问题　1. 轻微延迟　2. 显著延迟　3. 延迟严重或没有睡觉

夜间苏醒

0. 没问题　1. 轻微影响　2. 显著影响　3. 严重影响或没有睡觉

比期望的时间早醒

0. 没问题　1. 轻微提早　2. 显著提早　3. 严重提早或没有睡觉

总睡眠时间

0. 足够　1. 轻微不足　2. 显著不足　3. 严重不足或没有睡觉

总睡眠质量（无论睡多长）

0. 满意　1. 轻微不满　2. 显著不满　3. 严重不满或没有睡觉

白天情绪

0. 正常　1. 轻微低落　2. 显著低落　3. 严重低落

白天身体状况（体力/精神，如记忆力、认知功能和注意力等）

0. 足够　1. 轻微影响　2. 显著影响　3. 严重影响

白天思睡

0. 无思睡　1. 轻微思睡　2. 显著思睡　3. 严重思睡

自测标准：如果总分小于4分为无睡眠障碍。如果总分在4~6分为可疑失眠。

如果总分在6分以上为失眠。

后　记

笔者从事精神卫生工作已二十年有余，接触了无数的心理障碍患者和他们的亲属，在感受他们的痛苦与挣扎的同时，也感受到他们的愚昧和对精神卫生知识的无知。也正是他们的愚昧和无知，才造就了他们今天的痛苦。这不得不令笔者心痛、内疚和自责！心痛的是他们原本可以不去品尝这心灵之痛的；内疚与自责的是我们作为专业人士为什么没能为他们做得更多！因此，一种心愿在笔者心中慢慢升起，那就是普及精神卫生知识。

心理障碍作为一类疾病是可以早期预防、早期发现、早期诊断和早期治疗的。人们要做到这些，唯一的途径就是了解它们、认识它们，然后正确预防它们、对待它们。让人们通过一本通俗易懂的读物，来获得心理障碍的知识，就是笔者写作本书的目的之所在，同时也通过本书了却笔者多年的心愿，也抚平笔者对患者及其家属的那份内疚自责之情。

本书先提供心理障碍的个案，然后运用心理学和精神医学的原理分析其性质、类型、形成过程和影响因素，并在此基础上阐述心理障碍的预防、治疗与识别策略。虽然每一个体心理障碍的发生发展有其独特性，但又有很多与他人相似与共同之处，因而借助这些实例也可以从中得到如何对待自己心理问题的启发和借鉴，从而开启成功和快乐的大门。这是笔者对读者的祝福，也是对本书每一位读者的心愿和祝福！

本书是武汉大学出版社《心理学与现代生活》丛书中的一部。感谢武汉大学佘双好教授的信任和邀请，感谢武汉大学出版社的大力协助，感谢家人的鼎力支持！也希望本书读者提出宝贵意见！

最后祝看过本书的每一位读者拥有健康的心理，喜悦的人生！

本书作者

2007 年 5 月于武昌两湖书院